天津市安装工程预算基价

第十二册 建筑智能化系统设备安装工程
通 用 册 费用组成、措施项目及计算方法

DBD 29-312-2020
DBD 29-313-2020

天津市住房和城乡建设委员会
天津市建筑市场服务中心 主编

中国计划出版社

目　录

第十二册　建筑智能化系统设备安装工程

第十一章 电源与电子设备防雷接地装置

附 录

通用册 费用组成、措施项目及计算方法

施工措施项目

附 录

第十二册　建筑智能化系统设备安装工程

DBD 29-312-2020

册 说 明

一、本册基价包括建筑与建筑群综合布线,移动通信设备工程,通信系统设备,计算机网络系统设备安装工程,楼宇、小区多表远传系统,楼宇、小区自控系统,有线电视系统,扩声、背景音乐系统,停车场管理系统,楼宇安全防范系统,电源与电子设备防雷接地装置11章,共1096条基价子目。

二、本册基价适用于智能大厦、智能小区新建和扩建项目中的智能化设备的安装调试工程。

三、本册基价是依据现行有关国家的产品标准、设计规范、施工及验收规范、技术操作规程、质量评定标准、安全操作规程和行业、地方标准,以及有代表性的工程设计、施工资料和其他有关资料,也参考了原电子工业部、原信息产业部发布的安装工程预算定额中有关建筑智能设备项目,结合国内市场上施工技术水平编制的。

四、本册基价关于电源线、控制电缆敷设、电缆托架铁件制作、电线槽安装、桥架安装、电线管敷设、电缆沟工程、电缆保护管敷设等参照本基价第二册《电气设备安装工程》DBD 29-302-2020相关基价子目。

五、本册基价通信工程中的立杆工程、天线基础、土石方工程、建筑物防雷及接地系统工程参照天津市建筑工程预算基价和本基价第二册《电气设备安装工程》DBD 29-302-2020相关基价子目。

六、本册基价中的工作内容已说明了主要的施工工序,次要工序虽未说明,但均已包括在内。

七、主要材料损耗率如下表:

主要材料损耗表

序号	主 要 材 料	损耗率	序号	主 要 材 料	损耗率
1	各类线缆	2.0%	12	接头盒保护套	1.0%
2	拉线材料(包括钢绞线、镀锌铁丝)	2.0%	13	用户暗箱	1.0%
3	塑料护口	1.0%	14	各类插头、插座	1.0%
4	跳线连接器	1.0%	15	开关	1.0%
5	过线路盒	1.0%	16	紧固件(包括螺栓、螺母、垫圈、弹簧垫圈)	2.0%
6	信息插座底盒或接线盒	1.0%	17	木螺钉、铆钉	4.0%
7	光纤护套	1.0%	18	板材(包括钢板、镀锌薄钢板)	5.0%
8	光纤连接盘	1.0%	19	管材、管件(包括无缝、焊接钢管、塑料管及电线管)	3.0%
9	光纤连接器材	1.0%	20	绝缘子类	2.0%
10	磨制光纤连接器材	1.0%	21	位号牌、标志牌、线号套管	5.0%
11	光缆接头盒	1.0%	22	电缆卡子、电缆挂钩、电缆托板	1.0%

八、下列项目按系数分别计取：

1. 本册基价的操作高度是按距离楼地面 5m 考虑的。操作高度距离楼地面超过 5m 时，操作高度增加费按超过部分的人工费乘以系数 0.10 计取，全部为人工费。

2. 建筑物超高增加费是指在高度为 6 层或 20m 以上的工业与民用建筑施工时增加的费用，用包括 6 层或 20m 以内（不包括地下室）的分部分项工程费中人工费为计算基数，乘以下表系数（其中人工费占 65%）。

建筑物超高增加费系数表

层　　　数	9 层以内 （30m）	12 层以内 （40m）	15 层以内 （50m）	18 层以内 （60m）	21 层以内 （70m）	24 层以内 （80m）	27 层以内 （90m）	30 层以内 （100m）	33 层以内 （110m）	36 层以内 （120m）
以人工费为计算基数	0.01	0.02	0.03	0.05	0.07	0.09	0.11	0.13	0.15	0.17

注：120m 以外可参照此表相应递增。

3. 脚手架措施费按人工费的 4% 计取，其中人工费占 35%。

4. 安装与生产同时进行降效增加费按分部分项工程费中人工费的 10% 计取，全部为人工费。

5. 在有害身体健康的环境中施工降效增加费按分部分项工程费中人工费的 10% 计取，全部为人工费。

九、为配合业主或认证单位验收测试而发生的费用，在合同中协商确定。

十、本册基价中的设备、天线、铁塔安装工程按成套购置考虑，包括构件、标准件、附件和设备内部连线。

第一章　建筑与建筑群综合布线

说　明

一、本章适用范围：建筑与建筑群的电缆敷设、光缆敷设工程。

二、本章双绞线布放基价按六类以内（含六类）系统编制。

三、双绞线缆跳线制作、配线架安装打接、八位模块式信息插座安装基价为综合取定，不分屏蔽和非屏蔽。

四、室内光缆敷设基价是按72芯以内考虑的，大于72芯的光缆应按照等数量的进档差值增加人工费。

五、室外光缆基价是按96芯以内考虑的，大于96芯的光缆应按照等数量的进档差值增加人工费。室外光缆架设不包括装拉线工程。

工程量计算规则

一、过线（路）盒：依据规格、程式，按设计图示数量计算。

二、信息插座底盒（接线盒）：依据规格、程式、安装地点，按设计图示数量计算。

三、落地式机柜、机架：依据名称、规格、程式，按设计图示数量计算。

四、墙挂式机柜、机架：依据名称、规格、程式，按设计图示数量计算。

五、抗震底座：依据规格、程式，按设计图示数量计算。

六、四对对绞电缆：依据规格、程式、敷设环境，依设计图示尺寸按长度计算。

七、大对数非屏蔽电缆：依据规格、程式、敷设环境，依设计图示尺寸按长度计算。

八、大对数屏蔽电缆：依据规格、程式、敷设环境，依设计图示尺寸按长度计算。

九、光缆：依据规格、程式、敷设环境，依设计图示尺寸按长度计算。

十、光缆护套：依据规格、程式、敷设环境，依设计图示尺寸按长度计算。

十一、光纤束：依据规格、程式，依设计图示尺寸按长度计算。

十二、单口非屏蔽八位模块式信息插座：依据规格、型号，按设计图示数量计算。

十三、单口屏蔽八位模块式信息插座：依据规格、型号，按设计图示数量计算。

十四、双口非屏蔽八位模块式信息插座：依据规格、型号，按设计图示数量计算。

十五、双口屏蔽八位模块式信息插座：依据规格、型号，按设计图示数量计算。

十六、双口光纤信息插座：依据规格、型号，按设计图示数量计算。

十七、四口光纤信息插座：依据规格、型号，按设计图示数量计算。

十八、光纤连接盘：依据规格、型号，按设计图示数量计算。

十九、光纤连接：依据方法、模式，按设计图示数量计算。

二十、电缆跳线：依据名称、型号、规格，按设计图示数量计算。

二十一、光纤跳线：依据名称、型号、规格，按设计图示数量计算。

二十二、电缆链路系统测试：依据测试类别、测试内容，按设计图示数量计算。

二十三、光纤链路系统测试：依据测试类别、测试内容，按设计图示数量计算。

二十四、光缆终端盒：依据规格、型号，按设计图示数量计算。

二十五、室外光缆接续：依据规格、程式，按设计图示数量计算。

二十六、漏泄同轴电缆：依据架设环境、敷设方式，依设计图示尺寸按长度计算。

二十七、漏泄同轴电缆接头：依据名称、安装环境，按设计图示数量计算。

二十八、电话线：依据规格、型号、敷设方式,依设计图示尺寸按长度计算。

二十九、成套电话组线箱：依据规格、敷设方式,按设计图示数量计算。

三十、电话出线口：依据规格、型号,按设计图示数量计算。

三十一、电话中途箱：依据规格,按设计图示数量计算。

三十二、电话线架空引入装置：依据规格,按设计图示数量计算。

三十三、广播线：依据规格、型号、敷设方式,依设计图示尺寸按长度计算。

三十四、电缆敷设按单根延长米计算,如一个架上敷设三根各长100m的电缆,应按300m计算,以此类推。电缆附加及预留长度是电缆敷设长度的组成部分,应计入电缆长度工程量之内。电缆进入建筑物预留2m,电缆进入沟内或吊架上引上(下)预留1.5m,电缆中间接头盒,两端各预留2m。

三十五、室外光缆成端接头：按设计图示数量计算。光缆堵塞：按设计图示数量计算。

一、过线(路)盒

工作内容: 开孔、安装盒体、连接处密封、做标记等。

单位:个

编　号				12-1	12-2
项　目				半周长200mm以内	半周长200mm以外
预算基价	总　价(元)			**27.00**	**32.40**
	人　工　费(元)			27.00	32.40
	组　成　内　容	单位	单价	数　量	
人工	综合工	工日	135.00	0.20	0.24
材料	过线(路)盒	个	—	(1.010)	(1.010)

二、信息插座底盒（接线盒）

工作内容： 开孔、安装盒体、连接处密封、做标记等。

单位：个

编 号			12-3	12-4	12-5	12-6	12-7
项 目			明装	砖墙内	混凝土墙内	木地板内	防静电钢质地板内
预算基价	总 价(元)		**13.50**	**18.90**	**27.00**	**16.20**	**24.30**
	人 工 费(元)		13.50	18.90	27.00	16.20	24.30
	组 成 内 容	单位	单价	数 量				
人工	综合工	工日	135.00	0.10	0.14	0.20	0.12	0.18
材料	信息插座底盒或接线盒	个	—	(1.010)	(1.010)	(1.010)	(1.010)	(1.010)

11

三、机柜、机架
1.落 地 式

工作内容：开箱检查、清洁搬运、安装固定、附件安装、接地等。

单位：架

编　　号				12-8
项　　目				落地式
预算基价	总　　价(元)			**359.75**
	人 工 费(元)			351.00
	材 料 费(元)			8.75
组 成 内 容		单位	单价	数　　量
人工	综合工	工日	135.00	2.60
材料	机柜	个	—	(1.000)
	膨胀螺栓 M12	套	1.75	4.080
	棉纱	kg	16.11	0.100

12

2.墙 挂 式

工作内容： 开箱检查、清洁搬运、安装固定、附件安装、接地等。

	编 号			12-9
	项 目			墙挂式
预算基价	总 价(元)			**562.25**
	人 工 费(元)			553.50
	材 料 费(元)			8.75
	组 成 内 容	单位	单价	数 量
人工	综合工	工日	135.00	4.10
材料	机柜	个	—	(1.000)
	膨胀螺栓 M12	套	1.75	4.080
	棉纱	kg	16.11	0.100

四、抗 震 底 座

工作内容：开箱检查、清洁搬运、安装固定、附件安装、接地等。

单位：个

编　　号	12-10
项　　目	抗震底座安装

预算基价	总　　价(元)	337.50
	人　工　费(元)	337.50

组 成 内 容	单位	单价	数　　量
人工	综合工	工日	135.00	2.50
材料	抗震底座	个	—	(1.00)

五、电　缆

1．4对对绞电缆

工作内容： 1.管路、暗槽内穿放双绞线缆:检验、抽测电缆、清理管(暗槽)、制作穿线端头(钩)、穿放引线、穿放电缆、做标记、封堵出口等。
2.线槽、桥架、支架、活动地板内明布放双绞线缆:检验、抽测电缆、清理槽道、布线、绑扎电缆、做标记、封堵出口等。

单位：100m

编　　号				12-11	12-12
项　　目				管、暗槽内穿放	线槽、桥架、支架、活动地板内明布放
				4对以内	
预算基价	总　　价(元)			**189.53**	**228.03**
	人　工　费(元)			175.50	202.50
	材　料　费(元)			2.15	11.82
	机　械　费(元)			11.88	13.71
组　成　内　容		单位	单价	数　　　量	
人工	综合工	工日	135.00	1.30	1.50
材料	双绞线缆 4对	m	—	(102.000)	(102.000)
	塑料护口 15	个	0.19	4.040	—
	镀锌钢丝 D2.8~4.0	kg	6.91	0.200	—
	电缆卡子	个	0.39	—	30.300
机械	校验机械使用费	元	—	11.88	13.71

15

2.大对数非屏蔽电缆、大对数屏蔽电缆

工作内容：1.管路、暗槽内穿放双绞线缆：检验、抽测电缆、清理管(暗槽)、制作穿线端头(钩)、穿放引线、穿放电缆、做标记、封堵出口等。
2.线槽、桥架、支架、活动地板内明布放双绞线缆：检验、抽测电缆、清理槽道、布线、绑扎电缆、做标记、封堵出口等。

单位：100m

编　号			12-13	12-14	12-15	12-16	12-17	12-18	12-19	12-20
项　目			管、暗槽内穿放				线槽、桥架、支架、活动地板内明布放			
			对以内							
			25	50	100	200	25	50	100	200
预算基价	总　　价(元)		**233.82**	**320.79**	**465.90**	**654.17**	**287.66**	**361.69**	**507.80**	**711.57**
	人　工　费(元)		216.00	297.00	432.00	607.50	256.50	324.00	459.00	648.00
	材　料　费(元)		3.20	3.68	4.65	5.54	13.79	15.76	17.73	19.70
	机　械　费(元)		14.62	20.11	29.25	41.13	17.37	21.93	31.07	43.87
组 成 内 容	单位	单价	数　　量							
人工 综合工	工日	135.00	1.60	2.20	3.20	4.50	1.90	2.40	3.40	4.80
材料 双绞线缆 100对	m	—	(102.00)	(102.00)	(102.00)	(102.00)	(102.00)	(102.00)	(102.00)	(102.00)
塑料护口 32	个	0.45	4.040	—	—	—	—	—	—	—
塑料护口 50	个	0.57	—	4.040	—	—	—	—	—	—
塑料护口 70	个	0.81	—	—	4.040	—	—	—	—	—
塑料护口 100	个	1.03	—	—	—	4.040	—	—	—	—
电缆卡子	个	0.39	—	—	—	—	35.350	40.400	45.450	50.500
镀锌钢丝 $D2.8\sim4.0$	kg	6.91	0.200	0.200	0.200	0.200	—	—	—	—
机械 校验机械使用费	元	—	14.62	20.11	29.25	41.13	17.37	21.93	31.07	43.87

六、光　缆

1.光　缆　敷　设

工作内容:1.管路、暗槽内穿放光缆:检验、测试光缆、清理管(暗槽)、制作穿线端头(钩)、穿放引线、穿放光缆、出口衬垫、做标记、封堵出口等。2.线槽、桥架、支架、活动地板内明布光缆:检验、测试光缆、清理槽道、布放、绑扎光缆、加垫套、做标记、封堵出口等。

单位:100m

	编　号			12-21	12-22	12-23	12-24	12-25	12-26
	项　目			管、暗槽内穿放			线槽、桥架、支架、活动地板内明布放		
				芯以内					
				12	36	72	12	36	72
预算基价	总　　　价(元)			**245.04**	**360.35**	**475.66**	**283.08**	**398.39**	**513.70**
	人　工　费(元)			229.50	337.50	445.50	243.00	351.00	459.00
	材　料　费(元)			—	—	—	23.63	23.63	23.63
	机　械　费(元)			15.54	22.85	30.16	16.45	23.76	31.07
	组 成 内 容	单位	单价	数　　　量					
人工	综合工	工日	135.00	1.70	2.50	3.30	1.80	2.60	3.40
材料	光缆	m	—	(102.000)	(102.000)	(102.000)	(102.000)	(102.000)	(102.000)
	电缆卡子	个	0.39	—	—	—	60.600	60.600	60.600
机械	校验机械使用费	元	—	15.54	22.85	30.16	16.45	23.76	31.07

工作内容： 1.室外架设架空光缆:检测光缆、配盘、架设光缆、卡挂挂钩、盘余长、绑保护物。 2.室外敷设埋式光缆:检查测试光缆、光缆配盘、清理沟底、布放光缆、盘余长、做标记。

单位：100m

	编　号			12-27	12-28	12-29	12-30	12-31	12-32	12-33	12-34
	项　目			室外架设架空光缆（卡钩式）				室外敷设埋式光缆			
				芯以内							
				12	36	72	96	12	36	72	96
预算基价	总　价（元）			**591.09**	**649.04**	**764.35**	**822.00**	**347.33**	**404.99**	**491.47**	**549.13**
	人　工　费（元）			378.00	432.00	540.00	594.00	324.00	378.00	459.00	513.00
	材　料　费（元）			187.50	187.79	187.79	187.79	1.40	1.40	1.40	1.40
	机　械　费（元）			25.59	29.25	36.56	40.21	21.93	25.59	31.07	34.73
	组　成　内　容	单位	单价	数　量							
人工	综合工	工日	135.00	2.80	3.20	4.00	4.40	2.40	2.80	3.40	3.80
材料	单模光缆	m	—	(102.000)	(102.000)	(102.000)	(102.000)	(102.000)	(102.000)	(102.000)	(102.000)
	电缆挂钩 25	个	0.85	202.000	202.000	202.000	202.000	—	—	—	—
	聚乙烯管 D32×2.5	kg	18.75	0.820	0.820	0.820	0.820	—	—	—	—
	镀锌钢丝 D1.2～2.2	kg	7.13	0.060	0.100	0.100	0.100	0.100	0.100	0.100	0.100
	镀锌钢丝 D2.8～4.0	kg	6.91	—	—	—	—	0.100	0.100	0.100	0.100
机械	校验机械使用费	元	—	25.59	29.25	36.56	40.21	21.93	25.59	31.07	34.73

工作内容： 1.室外敷设管道光缆：检测光缆、配盘、清刷管孔、穿放引线,敷设光缆,安装托板、人孔中光缆包保护管,盘余长、光缆标记。2.气流穿放管道光缆:检查测试光缆、光缆配盘、清刷管孔、气流穿放光缆、安装托板、人孔中光缆包保护管,盘余长。

单位：100m

编　号				12-35	12-36	12-37	12-38	12-39	12-40	12-41	12-42
项　目				室外敷设管道光缆				室外气流穿放管道光缆			
				芯以内							
				12	36	72	96	12	36	72	96
预算基价	总　价（元）			**592.80**	**664.87**	**736.94**	**809.01**	**180.56**	**183.44**	**202.56**	**205.45**
	人工费（元）			540.00	607.50	675.00	742.50	153.90	156.60	159.30	162.00
	材料费（元）			16.24	16.24	16.24	16.24	—	—	—	—
	机械费（元）			36.56	41.13	45.70	50.27	26.66	26.84	43.26	43.45
组成内容		单位	单价	数　量							
人工	综合工	工日	135.00	4.00	4.50	5.00	5.50	1.14	1.16	1.18	1.20
材料	单模光缆	m	—	(102.000)	(102.000)	(102.000)	(102.000)	(102.000)	(102.000)	(102.000)	(102.000)
	硅塑管 D33/D40	m	—	(0.52)	(0.52)	(0.52)	(0.52)	(0.52)	(0.52)	(0.52)	(0.52)
	电缆托板（双线）	块	—	(4.85)	(4.85)	(4.85)	(4.85)	(4.85)	(4.85)	(4.85)	(4.85)
	吹缆专用乳化剂	kg	—	—	—	—	—	(0.08)	(0.08)	(0.08)	(0.08)
	镀锌钢丝 D1.2～2.2	kg	7.13	0.300	0.300	0.300	0.300	—	—	—	—
	镀锌钢丝 D2.8～4.0	kg	6.91	2.040	2.040	2.040	2.040	—	—	—	—
机械	载货汽车 6t	台班	461.82	—	—	—	—	0.010	0.010	0.020	0.020
	内燃空气压缩机 17m³	台班	1162.02	—	—	—	—	0.0100	0.0100	0.0200	0.0200
	校验机械使用费	元	—	36.56	41.13	45.70	50.27	10.42	10.60	10.78	10.97

19

2.光缆护套

工作内容： 清理槽道、布放、绑扎光缆护套、加垫套、做标记、封堵出口等。

单位：100m

编　号				12-43
项　目				布放光缆护套
预算基价	总　价(元)			**259.45**
	人工费(元)			243.00
	机械费(元)			16.45
组成内容		单位	单价	数　量
人工	综合工	工日	135.00	1.80
材料	光缆护套	m	—	(101.000)
机械	校验机械使用费	元	—	16.45

3.光 纤 束

工作内容：检验、测试光纤、检查护套、气吹布放光纤束、做标记、封堵出口等。

单位：100m

编　号				12-44
项　目				气流法布放光纤束
预算基价	总　　价(元)			**158.55**
	人 工 费(元)			148.50
	机 械 费(元)			10.05
组 成 内 容		单位	单价	数　　量
人工	综合工	工日	135.00	1.10
材料	光纤束	m	—	（102.000）
机械	校验机械使用费	元	—	10.05

七、插　座

1.单口非屏蔽8位模块式信息插座、单口屏蔽8位模块式信息插座

工作内容： 固定线缆、校对线序、卡线、做屏蔽、安装固定面板及插座、做标记等。　　　　　　　　　　　　　　**单位：个**

编　号			12-45
项　目			8位模块式信息插座安装
			单口
预算基价	总　价(元)		**8.10**
	人 工 费(元)		8.10

组 成 内 容	单位	单价	数　　量
人工　综合工	工日	135.00	0.06
材料　8位模块式信息插座 单口	个	—	(1.010)

22

2.双口非屏蔽8位模块式信息插座、双口屏蔽8位模块式信息插座

工作内容： 固定线缆、校对线序、卡线、做屏蔽、安装固定面板及插座、做标记等。

单位：个

编　号				12-46
项　　目				8位模块式信息插座安装
				双口

预算基价	总　　价(元)			13.50
	人　工　费(元)			13.50

组　成　内　容		单位	单价	数　　量
人工	综合工	工日	135.00	0.10
材料	8位模块式信息插座 双口	个	—	(1.010)

3.双口光纤信息插座

工作内容： 编扎固定光纤、安装光纤连接器及面板、做标记等。

编　　号			12-47
项　　目			光纤信息插座安装
			双口
预算基价	总　　价(元)		**6.75**
	人　工　费(元)		6.75
组　成　内　容	单位	单价	数　　量
人工　综合工	工日	135.00	0.05
材料　光纤信息插座 双口	个	—	(1.010)

24

4.四口光纤信息插座

工作内容: 编扎固定光纤、安装光纤连接器及面板、做标记等。

单位：个

编　号			12-48
项　目			光纤信息插座安装
			四口

	组　成　内　容	单位	单价	数　量
预算基价	总　　　价(元)			**10.80**
	人　工　费(元)			10.80
人工	综合工	工日	135.00	0.08
材料	光纤信息插座 四口	个	—	(1.010)

八、光 纤 连 接
1.光纤连接盘安装

工作内容： 端面处理、纤芯连接、测试、包封护套、盘绕、固定光纤等。 　　　　　　　　　　　　　　　　　**单位：** 块

	编　号			12-49
	项　目			光纤连接盘
预算基价	总　价(元)			**67.50**
	人工费(元)			67.50
	组成内容	单位	单价	数　量
人工	综合工	工日	135.00	0.50
材料	光纤连接盘	块	—	(1.010)

2.光纤连接

工作内容：端面处理、纤芯连接、测试、包封护套、盘绕、固定光纤等。

单位：芯

				12-50	12-51	12-52	12-53	12-54	12-55
	项 目			机械法		熔接法		磨制法（端口）	
				单模	多模	单模	多模	单模	多模
预算基价	总 价（元）			**61.98**	**49.01**	**72.07**	**57.66**	**72.07**	**64.86**
	人 工 费（元）			58.05	45.90	67.50	54.00	67.50	60.75
	机 械 费（元）			3.93	3.11	4.57	3.66	4.57	4.11
	组 成 内 容	单位	单价	数 量					
人工	综合工	工日	135.00	0.43	0.34	0.50	0.40	0.50	0.45
材料	光纤连接器材	套	—	(1.01)	(1.01)	(1.01)	(1.01)	—	—
	磨制光纤连接器器材	套	—	—	—	—	—	(1.01)	(1.01)
机械	校验机械使用费	元	—	3.93	3.11	4.57	3.66	4.57	4.11

九、电缆、光纤跳线

1.电缆跳线

工作内容：量裁线缆、固定线缆、安装卡接、卡线、做屏蔽、核对线序、安装固定接线模块、安装面板及插座、做标记、检查测试等。

编　号			12-56	12-57	12-58	12-59	12-60	12-61	12-62	12-63	12-64	12-65
项　目			跳线制作（条）	跳线卡接（对）	跳线架安装打接			配线架安装打接				跳块打接（个）
					100对（条）	200对（条）	400对（条）	12口（条）	24口（条）	48口（条）	96口（条）	
预算基价	总　　价(元)		**14.41**	**2.70**	**270.57**	**513.57**	**1013.07**	**162.57**	**324.57**	**621.57**	**1215.57**	**1.35**
	人　工　费(元)		13.50	2.70	270.00	513.00	1012.50	162.00	324.00	621.00	1215.00	1.35
	材　料　费(元)		—	—	0.57	0.57	0.57	0.57	0.57	0.57	0.57	—
	机　械　费(元)		0.91	—	—	—	—	—	—	—	—	—
组成内容	单位	单价	数　量									
人工 综合工	工日	135.00	0.10	0.02	2.00	3.80	7.50	1.20	2.40	4.60	9.00	0.01
材料 跳线连接器	个	—	(2.020)	—	—	—	—	—	—	—	—	—
螺栓 M5	套	0.14	—	—	4.080	4.080	4.080	4.080	4.080	4.080	4.080	—
机械 校验机械使用费	元	—	0.91									

28

2.光 纤 跳 线

工作内容：光纤熔接、测试衰耗、固定光纤连接器、盘留固定。

单位：条

编　号			12-66	12-67	12-68
项　目			布放尾纤		
			终端盒至光纤配线架	光纤配线架至设备	光纤配线架架内跳线
预算基价	总　价(元)		**57.66**	**36.03**	**21.62**
	人 工 费(元)		54.00	33.75	20.25
	机 械 费(元)		3.66	2.28	1.37
组 成 内 容		单位	单价	数　量	
人工	综合工	工日	135.00	0.40	0.25	0.15
材料	尾纤	根	—	(1.020)(10m单头)	(1.020)(10m双头)	(1.020)(10m双头)
机械	校验机械使用费	元	—	3.66	2.28	1.37

十、电缆链路系统测试

工作内容： 按施工及验收规范的要求测试、记录、整理资料等。

单位：链路

编 号			12-69	12-70
项 目			双绞线缆测试	
			五类	六类
预算基价	总 价(元)		**23.06**	**25.95**
	人 工 费(元)		21.60	24.30
	机 械 费(元)		1.46	1.65
组 成 内 容	单位	单价	数 量	
人工	综合工	工日	135.00	0.16	0.18
机械	校验机械使用费	元	—	1.46	1.65

十一、光纤链路系统测试

工作内容：按施工及验收规范的要求测试、记录、整理资料等。

单位：链路

编　号			12-71
项　　目			光纤测试
预 算 基 价	总　　价(元)		**21.62**
	人　工　费(元)		20.25
	机　械　费(元)		1.37

	组 成 内 容	单位	单价	数　　量
人 工	综合工	工日	135.00	0.15
机 械	校验机械使用费	元	—	1.37

十二、光缆终端盒

工作内容：安装光缆终端盒，光纤熔接、测试衰减、光纤的盘留固定。

单位：个

编　号			12-72	12-73	12-74	12-75	12-76	12-77
项　目			芯以内					
			20	28	48	60	72	96
预算基价	总　　　价(元)		**299.21**	**414.52**	**702.80**	**875.77**	**1048.73**	**1396.60**
	人　工　费(元)		270.00	378.00	648.00	810.00	972.00	1296.00
	材　料　费(元)		10.93	10.93	10.93	10.93	10.93	12.86
	机　械　费(元)		18.28	25.59	43.87	54.84	65.80	87.74
组　成　内　容	单位	单价	数　　　量					
人工	综合工	工日	135.00	2.00	2.80	4.80	6.00	7.20	9.60
材料	光缆终端盒	个	—	(1.020)	(1.020)	(1.020)	(1.020)	(1.020)	(1.020)
	镀锌精制六角带帽螺栓 M16×85	套	2.68	4.080	4.080	4.080	4.080	4.080	4.800
机械	校验机械使用费	元	—	18.28	25.59	43.87	54.84	65.80	87.74

十三、室外光缆接续

工作内容: 检验器材、确定接头位置、熔接纤芯、接续加强芯、盘绕固定预留光纤、复测衰减、安装接头盒及托架等。

单位:头

编 号			12-78	12-79	12-80	12-81	12-82	12-83	12-84	12-85
项 目			芯以内							
			12	24	36	48	60	72	84	96
预算基价	总 价(元)		**424.92**	**766.35**	**1066.04**	**1365.73**	**1665.42**	**1965.12**	**2264.80**	**2564.49**
	人 工 费(元)		202.50	405.00	607.50	810.00	1012.50	1215.00	1417.50	1620.00
	机 械 费(元)		222.42	361.35	458.54	555.73	652.92	750.12	847.30	944.49
组 成 内 容	单位	单价	数 量							
人工 综合工	工日	135.00	1.50	3.00	4.50	6.00	7.50	9.00	10.50	12.00
材料 光缆接头盒	套	—	(1.01)	(1.01)	(1.01)	(1.01)	(1.01)	(1.01)	(1.01)	(1.01)
接头盒保护套	套	—	(1.01)	(1.01)	(1.01)	(1.01)	(1.01)	(1.01)	(1.01)	(1.01)
机械 载货汽车 4t	台班	417.41	0.500	0.800	1.000	1.200	1.400	1.600	1.800	2.000
校验机械使用费	元	—	13.71	27.42	41.13	54.84	68.55	82.26	95.96	109.67

工作内容：检查器材、熔接尾纤、测试衰减、固定活接头、固定光缆、堵头制作、固定。

编　号			12-86	12-87
项　目			光缆成端接头 （套）	光缆堵塞 （个）
预算基价	总　　价(元)		**73.11**	**136.64**
	人　工　费(元)		67.50	112.05
	材　料　费(元)		1.04	17.00
	机　械　费(元)		4.57	7.59
组　成　内　容		单位	单价	数　　量
人工	综合工	工日	135.00	0.50	0.83
材料	位号牌	个	0.99	1.050	—
	环氧树脂	kg	28.33	—	0.600
机械	校验机械使用费	元	—	4.57	7.59

十四、漏泄同轴电缆

工作内容： 定位、钻孔、固定支架、电缆布放、吊挂。

单位：100m

编　号			12-88	12-89	12-90	12-91
项　目			漏泄同轴电缆架设			漏泄电缆与电力电缆同杆架设
			地下		地上	
			无衬砌	有衬砌		
预算基价	总　　价(元)		**2892.13**	**2498.09**	**1719.01**	**3153.83**
	人 工 费(元)		2430.00	2295.00	1350.00	2701.35
	材 料 费(元)		297.62	47.72	277.61	227.86
	机 械 费(元)		164.51	155.37	91.40	224.62
组 成 内 容	单位	单价	数　量			
人工 综合工	工日	135.00	18.00	17.00	10.00	20.01
漏泄同轴电缆 400MHz	m	—	(102.000)	(102.000)	(102.000)	(102.000)
吊挂漏泄电缆卡子	套	—	(37.37)	(37.37)	(37.37)	—
无衬砌角钢支架 L50×5×500	个	—	(6.76)	—	—	—
电杆钢丝绳吊挂支架 L50×5×400	个	—	—	—	(3.03)	—
镀锌钢丝绳 1×7 D2.6~7.8	kg	7.01	32.640	—	32.640	—
镀锌滚花膨胀螺栓 M12×110	套	1.13	13.260	40.800	—	—
钢绳轧头 D10	个	3.85	6.060	—	3.030	—
棉纱	kg	16.11	0.100	0.100	0.100	—
镀锌钢丝 D4.0	kg	7.08	4.080	—	4.080	—
U形穿钉 R=90	根	2.19	—	—	3.030	—
铜接线端子 DT-25mm²	个	11.28	—	—	—	20.20
机械 载货汽车 4t	台班	417.41	—	—	—	0.100
校验机械使用费	元	—	164.51	155.37	91.40	182.88

35

十五、漏泄同轴电缆接头

工作内容： 钻孔、固定支架、安装、做接头、缠绑。

单位：处

编　号			12-92	12-93	12-94	12-95	12-96	12-97
项　目			调相接头		固定接头	终端负载	终端接头	
			地下	地上			地下	地上
预算基价	总　　价(元)		**360.41**	**476.36**	**197.87**	**150.13**	**157.91**	**182.36**
	人　工　费(元)		337.50	405.00	175.50	135.00	135.00	135.00
	材　料　费(元)		22.91	71.36	22.37	15.13	22.91	47.36
组　成　内　容		单位	单价	数　　量				
人工	综合工	工日	135.00	2.50	3.00	1.30	1.00	1.00	1.00
材料	接头固定夹带螺栓 3×30×160	套	—	(2.02)	(2.02)	(1.01)	(1.01)	(1.01)	(1.01)
	三眼双槽夹板	套	—	—	(2.02)	—	—	—	(1.01)
	膨胀螺栓 M12	套	1.75	4.080	—	—	4.080	4.080	—
	钢绳轧头 D10	个	3.85	4.040	8.080	4.040	2.020	4.040	4.040
	镀锌钢丝 D1.2～2.2	kg	7.13	0.030	0.030	0.030	0.030	0.030	0.030
	镀锌铁拉板 4×40×180	个	4.24	—	8.400	—	—	—	—
	U形穿钉 R=90	根	2.19	—	2.020	—	—	—	—
	拉线环（大号）	个	3.27	—	—	2.020	—	—	4.040
	双拉线铁箍 R=90	副	9.10	—	—	—	—	—	2.020

36

十六、电 话 线

工作内容： 开箱、线缆检查、编号、穿放、布放、断线、固定、临时封头、清理现场。

单位：100m

编　号			12-98	12-99	12-100	12-101	12-102	12-103	12-104
项　目			管、暗槽内穿放电话线						
			对以内						
			1	10	20	30	50	100	200
预算基价	总　　价(元)		**84.24**	**212.71**	**251.72**	**294.97**	**367.03**	**568.24**	**784.13**
	人 工 费(元)		78.30	189.00	216.00	256.50	324.00	486.00	675.00
	材 料 费(元)		0.64	10.91	21.10	21.10	21.10	49.34	63.43
	机 械 费(元)		5.30	12.80	14.62	17.37	21.93	32.90	45.70
组 成 内 容	单位	单价	数　　量						
人工 综合工	工日	135.00	0.58	1.40	1.60	1.90	2.40	3.60	5.00
材料 电缆	m	—	(102.000)	(102.000)	(102.000)	(102.000)	(102.000)	(102.000)	(102.000)
镀锌钢丝 D1.2~2.2	kg	7.13	0.090	1.530	2.960	2.960	2.960	—	—
镀锌钢丝 D2.8~4.0	kg	6.91	—	—	—	—	—	7.140	9.180
机械 校验机械使用费	元	—	5.30	12.80	14.62	17.37	21.93	32.90	45.70

工作内容：开箱、线缆检查、编号、布放、断线、固定、临时封头、清理现场。

单位：100m

编　号			12-105	12-106	12-107	12-108	12-109	12-110	12-111
项　目			线槽、桥架、支架、活动地板内明布放电话线						
			对以内						
			1	10	20	30	50	100	200
预算基价	总　价(元)		**90.01**	**241.53**	**280.55**	**367.03**	**410.28**	**597.07**	**841.78**
	人工费(元)		83.70	216.00	243.00	324.00	364.50	513.00	729.00
	材料费(元)		0.64	10.91	21.10	21.10	21.10	49.34	63.43
	机械费(元)		5.67	14.62	16.45	21.93	24.68	34.73	49.35
组成内容	单位	单价	数　量						
人工 综合工	工日	135.00	0.62	1.60	1.80	2.40	2.70	3.80	5.40
材料 电缆	m	—	(102.000)	(102.000)	(102.000)	(102.000)	(102.000)	(102.000)	(102.000)
镀锌钢丝 $D1.2\sim2.2$	kg	7.13	0.090	1.530	2.960	2.960	2.960	—	—
镀锌钢丝 $D2.8\sim4.0$	kg	6.91	—	—	—	—	—	7.140	9.180
机械 校验机械使用费	元	—	5.67	14.62	16.45	21.93	24.68	34.73	49.35

十七、成套电话组线箱

工作内容：组线箱安装、接地等。

单位：台

编　号			12-112	12-113	12-114	12-115	12-116	12-117
项　目			明装			暗装		
			对以内					
			50	100	200	50	100	200
预算基价	总　　价(元)		**110.15**	**135.95**	**149.59**	**119.01**	**146.16**	**174.21**
	人　工　费(元)		102.60	128.25	141.75	114.75	141.75	168.75
	材　料　费(元)		7.55	7.70	7.84	3.05	3.20	4.25
	机　械　费(元)		—	—	—	1.21	1.21	1.21
组　成　内　容	单位	单价	数　　量					
人工	综合工	工日	135.00	0.76	0.95	1.05	0.85	1.05	1.25
材料	热轧角钢 63	kg	3.67	0.200	0.200	0.200	0.200	—	—
	膨胀螺栓 M10	套	1.53	4.080	4.080	4.080	—	—	—
	调和漆	kg	14.11	0.030	0.040	0.050	—	—	—
	防锈漆	kg	15.51	0.010	0.010	0.010	0.010	0.010	0.020
	镀锌扁钢 25×4	kg	4.54	—	—	—	0.250	0.350	0.450
	砂子	kg	0.09	—	—	—	3.200	4.800	6.400
	水泥 32.5级	kg	0.36	—	—	—	1.200	1.800	2.400
	电焊条 E4303	kg	7.59	—	—	—	0.040	0.050	0.060
机械	交流弧焊机 21kV·A	台班	60.37	—	—	—	0.020	0.020	0.020

十八、电话出线口

工作内容：面板安装、接线，稳装箱、接地，打眼、埋设挂钩。

单位：个

编 号				12-118	12-119	12-120	12-121
项 目				普通型		插座型	
				单联	双联	单联	双联
预算基价	总 价(元)			**5.81**	**5.81**	**5.81**	**5.81**
	人 工 费(元)			5.40	5.40	5.40	5.40
	材 料 费(元)			0.41	0.41	0.41	0.41
组 成 内 容		单位	单价	数 量			
人工	综合工	工日	135.00	0.04	0.04	0.04	0.04
材料	电话出线口	个	—	(1.020)	(1.020)	(1.020)	(1.020)
	镀锌带母螺栓 M6×(16～25)	套	0.20	2.040	2.040	2.040	2.040

十九、电话中途箱

工作内容： 面板安装、接线,稳装箱、接地,打眼、埋设挂钩。　　　　　　　　　　　　　　　　　　　　　　**单位：**台

编　号				12-122
项　目				电话中途箱安装
预算基价	总　价(元)			**103.16**
	人 工 费(元)			76.95
	材 料 费(元)			25.61
	机 械 费(元)			0.60
组 成 内 容		单位	单价	数　量
人工	综合工	工日	135.00	0.57
材料	圆钢 A3 D10	kg	3.91	1.000
	板枋材	m³	2001.17	0.010
	水泥 32.5级	kg	0.36	0.320
	三合板	m²	20.88	0.050
	砂子	kg	0.09	1.600
	防锈漆	kg	15.51	0.010
	电焊条 E4303	kg	7.59	0.030
机械	交流弧焊机 21kV·A	台班	60.37	0.01

二十、电话电缆架空引入装置

工作内容： 面板安装、接线,稳装箱、接地,打眼、埋设挂钩。

单位：套

编　　号				12-123
项　　目				电话电缆架空引入装置安装
预算基价	总　　价(元)			**38.27**
	人　工　费(元)			25.65
	材　料　费(元)			12.62
组　成　内　容	单位	单价		数　　　量
人工 综合工	工日	135.00		0.19
材料 膨胀螺栓 M12	套	1.75		1.020
镀锌扁钢 25×4	kg	4.54		0.100
镀锌钢管 DN32	kg	4.86		2.060
水泥 32.5级	kg	0.36		0.200
砂子	kg	0.09		1.600
防锈漆	kg	15.51		0.010

二十一、广　播　线

工作内容：穿引线、扫管、涂滑石粉、放线、穿线、编号、临时封头等。

单位：100m

编　号			12-124	12-125	12-126	12-127	12-128	12-129
项　目			管、暗槽内穿放广播线					
			屏蔽软线（RVP）		屏蔽软线（RVVP）			
			导线截面（mm² 以内）					
			0.5	1.5	2×1.0	2×1.5	4×1.0	4×1.5
预算基价	总　价（元）		**111.28**	**113.05**	**119.73**	**121.39**	**147.03**	**148.79**
	人　工　费（元）		99.90	101.25	105.30	106.65	125.55	126.90
	材　料　费（元）		4.62	4.95	7.30	7.52	12.98	13.30
	机　械　费（元）		6.76	6.85	7.13	7.22	8.50	8.59
组　成　内　容		单位	单价	数　　量				
人工	综合工	工日	135.00	0.74	0.75	0.78	0.79	0.93	0.94
材料	屏蔽软线 AV-250-0.2	m	—	(102.000)	(102.000)	(102.000)	(102.000)	(102.000)	(102.000)
	线号套管	m	1.12	2.100	2.100	4.200	4.200	8.400	8.400
	镀锌钢丝 D1.2～2.2	kg	7.13	0.090	0.090	0.090	0.090	0.090	0.090
	塑料胶布带 25mm×10m	卷	2.17	0.75	0.90	0.90	1.00	1.35	1.50
机械	校验机械使用费	元	—	6.76	6.85	7.13	7.22	8.50	8.59

工作内容: 开箱、线缆检查、编号、布放、断线、固定、临时封头、清理场地。 単位: 100m

编 号				12-130	12-131	12-132	12-133	12-134	12-135
项 目				线槽、桥架、支架、活动地板内明布放广播线					
				屏蔽软线(RVP)		屏蔽软线(RVVP)			
				导线截面(mm²以内)					
				0.5	1.5	2×1.0	2×1.5	4×1.0	4×1.5
预算基价	总 价(元)			**148.76**	**151.97**	**165.85**	**168.96**	**178.74**	**180.50**
	人 工 费(元)			135.00	137.70	148.50	151.20	155.25	156.60
	材 料 费(元)			4.62	4.95	7.30	7.52	12.98	13.30
	机 械 费(元)			9.14	9.32	10.05	10.24	10.51	10.60
组 成 内 容		单位	单价	数 量					
人工	综合工	工日	135.00	1.00	1.02	1.10	1.12	1.15	1.16
材料	屏蔽软线 AV-250-0.2	m	—	(102.000)	(102.000)	(102.000)	(102.000)	(102.000)	(102.000)
	线号套管	m	1.12	2.100	2.100	4.200	4.200	8.400	8.400
	镀锌钢丝 D1.2～2.2	kg	7.13	0.090	0.090	0.090	0.090	0.090	0.090
	塑料胶布带 25mm×10m	卷	2.17	0.75	0.90	0.90	1.00	1.35	1.50
机械	校验机械使用费	元	—	9.14	9.32	10.05	10.24	10.51	10.60

第二章　移动通信设备工程

说　明

一、本章适用范围：移动通信设备的天、馈线系统的安装调试，基站设备的安装调试。

二、全向天线长度按 4m 以内考虑，如长度超过 4m，基价人工工日乘以系数 1.20。

三、室外安装放大器、分路器、匹配器时可参照室内相应子目。

四、安装信道板子目仅适用于已有机架的扩容工程。

五、CDMA 基站系统调试基价中的"扇·载"指一个扇区与一个载频的乘积，全向天线按一个扇区处理。

工程量计算规则

一、全向天线、定向天线：依据规格、型号、塔高、环境，按设计图示数量计算。

二、室内天线：依据规格、型号，按设计图示数量计算。

三、射频同轴电缆：依据规格、型号，按设计图示数量计算。

四、室内分布式天线、馈线附属设备：依据规格、型号、程式，按设计图示数量计算。

五、馈线密封窗：依据规格，按设计图示数量计算。

六、基站天、馈线调测：依据测试类别、测试内容，按设计图示数量计算。

七、分布式天、馈线系统调测：依据测试类别、测试内容，按设计图示数量计算。

八、泄漏式电缆调测：依据测试类别、测试内容，按设计图示数量计算。

九、落地式、壁挂式基站设备：依据规格、型号、程式，按设计图示数量计算。

十、信道板：依据规格、型号、程式，按设计图示数量计算。

十一、直放站设备：依据规格、型号、程式，按设计图示数量计算。

十二、基站监控配线箱：依据规格、型号、程式，按设计图示数量计算。

十三、GSM基站系统调测：依据测试类别、测试内容，按设计图示数量计算。

十四、CDMA基站系统调测：依据测试类别、测试内容，按设计图示数量计算。

十五、寻呼基站系统调测：依据测试类别、测试内容，按设计图示数量计算。

十六、自动寻呼终端设备：依据规格、型号、程式，按设计图示数量计算。

十七、数据处理中心设备：依据规格、型号、程式，按设计图示数量计算。

十八、人工台：依据规格、型号、程式，按设计图示数量计算。

十九、短信、语音信箱设备：依据规格、型号、程式，按设计图示数量计算。

二十、操作维护中心设备（OMC）：依据规格、型号、程式，按设计图示数量计算。

二十一、基站控制器、编码器：依据规格、型号、程式，按设计图示数量计算。

二十二、调测基站控制器、编码器：依据规格、型号、程式，按设计图示数量计算。

二十三、GSM定向天线基站及CDMA基站联网调测：依据测试类别、测试内容，按设计图示数量计算。

二十四、寻呼基站联网调测：依据测试类别、测试内容，按设计图示数量计算。

二十五、寻呼专用调度交换机：依据规格、型号，按设计图示数量计算。

一、天　线

1. 全　向　天　线

工作内容：现场复勘、开箱检验、清洁搬运、起吊、安装天线、天线加固、调整方位角、调整俯仰角、清理现场等。　　　　　　　　　　　　　　　　**单位：副**

编　号			12-136	12-137	12-138	12-139	12-140	12-141	12-142	12-143
项　目			楼顶铁塔挂高		地面铁塔挂高				拉线塔上	支撑杆上
			20m以内	每增加10m	40m以内	70m以内	90m以内	每增加10m		
预算基价	总　价(元)		**948.22**	**138.22**	**1083.22**	**1623.22**	**2163.22**	**273.22**	**1218.22**	**678.22**
	人　工　费(元)		945.00	135.00	1080.00	1620.00	2160.00	270.00	1215.00	675.00
	材　料　费(元)		3.22	3.22	3.22	3.22	3.22	3.22	3.22	3.22
组成内容	单位	单价	数　　量							
人工　综合工	工日	135.00	7.00	1.00	8.00	12.00	16.00	2.00	9.00	5.00
材料　棉纱	kg	16.11	0.200	0.200	0.200	0.200	0.200	0.200	0.200	0.200

2.定 向 天 线

工作内容： 现场复勘、开箱检验、清洁搬运、起吊、安装天线、天线加固、调整方位角、调整俯仰角、清理现场等。 **单位：** 副

编　号			12-144	12-145	12-146	12-147	12-148	12-149	12-150	12-151	12-152
项　目			楼顶铁塔挂高		地面铁塔挂高				拉线塔上	支撑杆上	楼外墙上
			20m以内	每增加10m	40m以内	70m以内	90m以内	每增加10m			
预算基价	总　　　价(元)		**1083.22**	**138.22**	**1218.22**	**1758.22**	**2298.22**	**273.22**	**1488.22**	**813.22**	**1758.22**
	人 工 费(元)		1080.00	135.00	1215.00	1755.00	2295.00	270.00	1485.00	810.00	1755.00
	材 料 费(元)		3.22	3.22	3.22	3.22	3.22	3.22	3.22	3.22	3.22
组 成 内 容	单位	单价	数　　　量								
人工 综合工	工日	135.00	8.00	1.00	9.00	13.00	17.00	2.00	11.00	6.00	13.00
材料 棉纱	kg	16.11	0.200	0.200	0.200	0.200	0.200	0.200	0.200	0.200	0.200

3.室 内 天 线

工作内容:现场复勘、开箱检验、清洁搬运、起吊、安装天线、天线加固、调整方位角、调整俯仰角、清理现场等。　　　　　　**单位:**副

编　号					12-153
项　目					室内天线
预算基价	总　价(元)				**543.22**
	人 工 费(元)				540.00
	材 料 费(元)				3.22
组 成 内 容		单位	单价		数　量
人工	综合工	工日	135.00		4.00
材料	棉纱	kg	16.11		0.200

二、射频同轴电缆

工作内容： 开箱检验、清洁搬运、量裁布放、安装就位、做电缆头、防水处理、防雷接地、加固、整理等。

单位：条

编 号			12-154	12-155	12-156	12-157
项 目			7″/8以内		7″/8以外	
			布放10m	每增加10m	布放10m	每增加10m
预算基价	总　价(元)		**97.72**	**70.72**	**111.22**	**84.22**
	人 工 费(元)		94.50	67.50	108.00	81.00
	材 料 费(元)		3.22	3.22	3.22	3.22
组 成 内 容	单位	单价	数　　量			
人工 综合工	工日	135.00	0.70	0.50	0.80	0.60
材料 射频同轴电缆	m	—	(10.20)	(10.20)	(10.20)	(10.20)
U形镀锌固定条 7″/8以内	套	—	(9.09)	(8.08)	—	—
馈线卡子 7″/8以外	套	—	—	—	(9.09)	(8.08)
棉纱	kg	16.11	0.200	0.200	0.200	0.200

三、室内分布式天、馈线系统附属设备

工作内容： 开箱检验、清洁搬运、安装、加固、通电调测、清理现场等。

编　号				12-158	12-159	12-160	12-161	12-162
项　目				放大器或中继器 （个）	分路器 （功分器、耦合器） （个）	匹配器（假负载） （个）	光纤分布主控单元 （架）	光纤分布远端单元 （单元）
预算基价	总　　价(元)			**204.11**	**102.86**	**69.11**	**406.61**	**136.61**
	人　工　费(元)			202.50	101.25	67.50	405.00	135.00
	材　料　费(元)			1.61	1.61	1.61	1.61	1.61
组成内容		单位	单价	数　　量				
人工	综合工	工日	135.00	1.50	0.75	0.50	3.00	1.00
材料	棉纱	kg	16.11	0.100	0.100	0.100	0.100	0.100

四、馈线密封窗

工作内容：准备、开箱检验、清洁搬运、安装、加固、密封处理、清理现场等。 **单位：个**

	编　号			12-163
	项　目			馈线密封窗安装
预算基价	总　价(元)			**545.04**
	人　工　费(元)			540.00
	材　料　费(元)			5.04
	组　成　内　容	单位	单价	数　量
人工	综合工	工日	135.00	4.00
材料	螺栓 M10	套	0.56	6.120
	棉纱	kg	16.11	0.100

五、基站天、馈线调测

工作内容：调试驻波比、损耗等。

单位：条

编 号				12-164
项 目				基站天线、馈线系统调试
预算基价	总 价(元)			**866.45**
	人 工 费(元)			810.00
	材 料 费(元)			1.61
	机 械 费(元)			54.84
组 成 内 容		单位	单价	数 量
人工	综合工	工日	135.00	6.00
材料	棉纱	kg	16.11	0.100
机械	校验机械使用费	元	—	54.84

六、分布式天、馈线系统调测

工作内容：调试驻波比、损耗等。

单位：副

编　　号				12-165
项　　目				分布式天线、馈线系统调试
预算基价	总　　价(元)			**289.89**
	人　工　费(元)			270.00
	材　料　费(元)			1.61
	机　械　费(元)			18.28
组　成　内　容		单位	单价	数　　量
人工	综合工	工日	135.00	2.00
材料	棉纱	kg	16.11	0.100
机械	校验机械使用费	元	—	18.28

56

七、泄漏式电缆调测

工作内容：调试驻波比、损耗等。

单位：条

编　　号				12-166
项　　目				泄漏式电缆调试
预算基价	总　　价(元)			**578.17**
	人　工　费(元)			540.00
	材　料　费(元)			1.61
	机　械　费(元)			36.56
组　成　内　容		单位	单价	数　　量
人工	综合工	工日	135.00	4.00
材料	棉纱	kg	16.11	0.100
机械	校验机械使用费	元	—	36.56

八、落地式、壁挂式基站设备

工作内容:开箱检验、画线定位、安装固定、加电调试、清理现场等。

单位:架

编　号				12-167	12-168
项　目				落地式	壁挂式
预算基价	总　　价(元)			**1360.36**	**1089.46**
	人　工　费(元)			1350.00	1080.00
	材　料　费(元)			10.36	9.46
组 成 内 容		单位	单价	数　　量	
人工	综合工	工日	135.00	10.00	8.00
材料	膨胀螺栓 M10	套	1.53	—	4.080
	膨胀螺栓 M12	套	1.75	4.080	—
	棉纱	kg	16.11	0.200	0.200

九、信 道 板

工作内容：开箱检验、画线定位、安装固定、加电调试、清理现场等。

单位：个

编　　号				12-169
项　　目				信道板安装（载频）
预算基价	总　　价(元)			**138.22**
	人　工　费(元)			135.00
	材　料　费(元)			3.22
	组 成 内 容	单位	单价	数　　量
人工	综合工	工日	135.00	1.00
材料	棉纱	kg	16.11	0.200

十、直放站设备

工作内容： 开箱检验、画线定位、安装固定、加电调试、清理现场等。

单位：站

编　号				12-170
项　目				直放站设备安装、调试
预算基价	总　价(元)			**2316.59**
	人　工　费(元)			2160.00
	材　料　费(元)			10.36
	机　械　费(元)			146.23
组　成　内　容		单位	单价	数　　量
人工	综合工	工日	135.00	16.00
材料	膨胀螺栓 M12	套	1.75	4.080
	棉纱	kg	16.11	0.200
机械	校验机械使用费	元	—	146.23

60

十一、基站监控配线箱

工作内容： 开箱检验、画线定位、安装固定、加电调试、清理现场等。

单位：个

编　号				12-171
项　　目				基站壁挂式监控配线箱安装
预算基价	总　　价(元)			**211.96**
	人　工　费(元)			202.50
	材　料　费(元)			9.46
组　成　内　容	单位	单价		数　　　　量
人工 综合工	工日	135.00		1.50
材料 膨胀螺栓 M10	套	1.53		4.080
棉纱	kg	16.11		0.200

十二、基站系统调测

1.GSM基站系统调测

工作内容： 硬件检验、频率调整、告警测试、功率调测、时钟校正、传输测试、数据下载、呼叫测试、整理等。 　　　　　　　　**单位：** 站

编　号				12-172	12-173	12-174
项　目				GSM（TETRA、iDEN）基站系统调试		
				3个载频以内	6个载频以内	每增加1个载频
预算基价	总　价（元）			**4327.41**	**8651.59**	**435.64**
	人　工　费（元）			4050.00	8100.00	405.00
	材　料　费（元）			3.22	3.22	3.22
	机　械　费（元）			274.19	548.37	27.42
组　成　内　容		单位	单价	数　　量		
人工	综合工	工日	135.00	30.00	60.00	3.00
材料	棉纱	kg	16.11	0.200	0.200	0.200
机械	校验机械使用费	元	—	274.19	548.37	27.42

2.CDMA基站系统调测

工作内容：硬件检验、频率调整、告警测试、功率调测、时钟校正、传输测试、数据下载、呼叫测试、整理等。

单位：站

编 号				12-175	12-176
项 目				6个"扇·载"以内	每增加1个"扇·载"
预算基价	总　　价(元)			**8651.59**	**579.78**
	人　工　费(元)			8100.00	540.00
	材　料　费(元)			3.22	3.22
	机　械　费(元)			548.37	36.56
组 成 内 容		单位	单价	数　　量	
人工	综合工	工日	135.00	60.00	4.00
材料	棉纱	kg	16.11	0.200	0.200
机械	校验机械使用费	元	—	548.37	36.56

3.寻呼基站系统调测

工作内容： 硬件检验、频率调整、告警测试、功率调测、时钟校正、传输测试、数据下载、呼叫测试、整理等。　　　　　　　　　　　　　　　**单位：** 站

编　号				12-177	12-178
项　目				1个频点	每增加1个频点
预算基价	总　　价(元)			**2886.01**	**291.50**
	人　工　费(元)			2700.00	270.00
	材　料　费(元)			3.22	3.22
	机　械　费(元)			182.79	18.28
组　成　内　容		单位	单价	数　　量	
人工	综合工	工日	135.00	20.00	2.00
材料	棉纱	kg	16.11	0.200	0.200
机械	校验机械使用费	元	—	182.79	18.28

64

十三、自动寻呼终端设备

工作内容： 开箱检验、清洁搬运、画线定位、打孔、设备加固、安装机盘、做标识、加电测试、清理现场等。

单位：架

编　　号					12-179
项　　　　目					自动寻呼终端设备安装、调试
预算基价	总　　　价(元)				**2431.61**
	人　工　费(元)				2430.00
	材　料　费(元)				1.61
组　成　内　容		单位	单价		数　　　量
人工	综合工	工日	135.00		18.00
材料	棉纱	kg	16.11		0.100

十四、数据处理中心设备

工作内容： 开箱检验、清洁搬运、画线定位、打孔、设备加固、安装机盘、做标识、加电测试、清理现场等。　　　　　　　　　　　　　　　　**单位：套**

编　号			12-180
项　目			数据处理中心设备安装、调试
预算基价	总　价(元)		**2701.61**
	人　工　费(元)		2700.00
	材　料　费(元)		1.61
组成内容	单位	单价	数　量
人工　综合工	工日	135.00	20.00
材料　棉纱	kg	16.11	0.100

十五、人 工 台

工作内容：开箱检验、清洁搬运、画线定位、打孔、设备加固、安装机盘、做标识、加电测试、清理现场等。

单位：台

编　号				12-181	12-182
项　目				寻呼台人工操作终端安装、调试	
				10台以内	每增加1台
预算基价	总　价(元)			**3376.61**	**271.61**
	人　工　费(元)			3375.00	270.00
	材　料　费(元)			1.61	1.61
	组 成 内 容	单位	单价	数　量	
人工	综合工	工日	135.00	25.00	2.00
材料	棉纱	kg	16.11	0.100	0.100

十六、短信、语音信箱设备

工作内容： 开箱检验、清洁搬运、画线定位、安装加固、安装机盘、单机电气性能测试、软件调试、清理现场等。

单位：架

编　号			12-183
项　目			短信、语音信箱设备安装、调试
预算基价	总　　价(元)		3375.81
	人　工　费(元)		3375.00
	材　料　费(元)		0.81
组成内容	单位	单价	数　量
人工 综合工	工日	135.00	25.00
材料 棉纱	kg	16.11	0.050

68

十七、操作维护中心设备（OMC）

工作内容： 开箱检验、清洁搬运、安装加固、单机电气性能测试、软件测试、功能测试等。

单位：套

编　号	12-184
项　目	操作维护中心设备（OMC）安装、调试

	组成内容				数　量
预算基价	总　价(元)				4725.81
	人　工　费(元)				4725.00
	材　料　费(元)				0.81

	组　成　内　容	单位	单价	数　量
人工	综合工	工日	135.00	35.00
材料	棉纱	kg	16.11	0.050

十八、基站控制器、编码器

工作内容：开箱检验、清洁搬运、画线定位、安装机架、设备加固、安装机盘及电路板、加电检查、清理现场等。

单位：架

编　号				12-185
项　目				基站控制器、编码器设备安装
预算基价	总　价(元)			**1620.81**
	人　工　费(元)			1620.00
	材　料　费(元)			0.81
组成内容		单位	单价	数　量
人工	综合工	工日	135.00	12.00
材料	棉纱	kg	16.11	0.050

70

十九、调测基站控制器、编码器

工作内容: 硬件检验、告警测试、中继测试、建立系统参数、软件包安装等。

单位: 套

编　号				12-186
项　目				基站控制器、编码器调试
预算基价	总　价(元)			**540.81**
	人　工　费(元)			540.00
	材　料　费(元)			0.81
组成内容	单位	单价	数　量	
人工 综合工	工日	135.00	4.00	
材料 棉纱	kg	16.11	0.050	

二十、GSM定向天线基站及CDMA基站联网调测

工作内容：覆盖测试、传输电路验证、切换测试、干扰测试、告警测试、数据整理等。

单位：站

编　号				12-187	12-188
项　目				GSM（TETRA、iDEN） 全向天线基站联网调试	GSM（TETRA、iDEN） 定向天线基站及CDMA基站联网调试
预算基价	总　　价(元)			**4325.00**	**6487.09**
	人　工　费(元)			4050.00	6075.00
	材　料　费(元)			0.81	0.81
	机　械　费(元)			274.19	411.28
组　成　内　容		单位	单价	数　　量	
人工	综合工	工日	135.00	30.00	45.00
材料	棉纱	kg	16.11	0.050	0.050
机械	校验机械使用费	元	—	274.19	411.28

二十一、寻呼基站联网调测

工作内容： 覆盖测试、传输电路验证、切换测试、干扰测试、告警测试、数据整理等。

单位：站

编　号				12-189
项　目				寻呼基站联网调试
预算基价	总　价(元)			**1442.21**
	人　工　费(元)			1350.00
	材　料　费(元)			0.81
	机　械　费(元)			91.40
组 成 内 容		单位	单价	数　量
人工	综合工	工日	135.00	10.00
材料	棉纱	kg	16.11	0.050
机械	校验机械使用费	元	—	91.40

二十二、寻呼专用调度交换机

工作内容：开箱检验、清洁搬运、画线定位、打孔、设备加固、安装机盘、做标识、加电测试、清理现场等。　　　　　　　　　　　　　　　　　　**单位：**台

编　号				12-190
项　目				寻呼专用调度交换机安装、调试
预算基价	总　价(元)			**1351.61**
	人 工 费(元)			1350.00
	材 料 费(元)			1.61
组 成 内 容	单位	单价		数　量
人工	综合工	工日	135.00	10.00
材料	棉纱	kg	16.11	0.100

第三章　通信系统设备

说　明

一、本章适用范围：微波无线接入通信系统设备的安装与调试，会议电话，会议电视设备的安装与调试。

二、铁塔安装基价按在正常的气象条件下施工取定，如在楼顶架设铁塔，基价人工工日乘以系数1.25。

三、楼顶增高架上安装天线按楼顶铁塔上安装天线处理。

四、铁塔上安装天线，不论有无操作平台均执行本基价。

五、安装天线的高度均指天线底部距塔（杆）座的高度。

六、天线在楼顶铁塔上吊装，是按照楼顶距地面20m以内考虑的。

七、光纤传输设备安装与调测基价10Gb/s、2.5Gb/s、622Mb/s系统按"1＋0"状态编制。系统为"1＋1"状态下，TM终端复用器每端增加2个工日，ADM分插复用器每端增加4个工日。

工程量计算规则

一、微波窄带无线接入系统基站及用户站设备：依据名称、类别、类型、回路数,按设计图示数量计算。

二、微波窄带无线接入系统联调及试运行：依据名称、用户站数量,按设计图示数量计算。

三、微波宽带无线接入系统基站设备：依据名称、类别、类型、回路数,按设计图示数量计算。

四、微波宽带无线接入系统用户站设备：依据名称、类别,按设计图示数量计算。

五、微波宽带无线接入系统联调及试运行：依据名称、用户站数量,按设计图示数量计算。

六、会议电话设备：依据名称、类别、类型,按设计图示数量计算。

七、会议电视设备：依据名称、类别、类型、回路数,按设计图示数量计算。

八、铁塔：依据规格、型号,依设计图示尺寸按质量计算。

九、天线：依据规格、型号、安装地点、塔高,按设计图示数量计算。

十、馈线：依据规格、型号、地点、长度,按设计图示数量计算。

十一、天线、馈线调试：依据规格、型号、安装地点,按设计图示数量计算。

十二、卫星通信甚小口径地面站中心站设备：依据规格、型号,按设计图示数量计算。

十三、卫星通信甚小口径地面站端站设备：依据规格、型号,按设计图示数量计算。

十四、中心站站内环测及全网系统对测：依据测试类别、测试内容,按设计图示数量计算。

十五、光纤传输设备：依据规格、型号,按设计图示数量计算。

十六、网络管理系统、监控设备：依据规格、型号,按设计图示数量计算。

十七、数字通信通道调试：依据测试类别,按设计图示数量计算。

十八、同步数字网络设备：依据名称,按设计图示数量计算。

十九、程控交换机：依据规格、型号,按设计图示数量计算。

二十、中继线调试：依据测试内容,按设计图示数量计算。

二十一、外围设备：依据名称,按设计图示数量计算。

一、微波窄带无线接入系统基站设备

工作内容: 开箱检查、清点资料、清洁、连接地线、设备安装及线缆连接、加电检查、清理现场。

编 号				12-191	12-192	12-193	12-194	12-195	12-196	12-197	12-198
项 目				基站设备安装							
				机柜 (个)	基站 主设备 (台)	网管 设备 (台)	直流电源 设备 (台)	接口单元			
								话路		数据	
								8路以内 (个)	8路以外 每增加4路 (个)	4路以内 (个)	4路以外 每增加2路 (个)
预算基价	总 价(元)			**452.53**	**440.48**	**152.20**	**32.05**	**75.29**	**17.63**	**118.53**	**24.84**
	人 工 费(元)			405.00	405.00	135.00	27.00	67.50	13.50	108.00	20.25
	材 料 费(元)			20.11	8.06	8.06	3.22	3.22	3.22	3.22	3.22
	机 械 费(元)			27.42	27.42	9.14	1.83	4.57	0.91	7.31	1.37
组 成 内 容		单位	单价	数 量							
人工	综合工	工日	135.00	3.00	3.00	1.00	0.20	0.50	0.10	0.80	0.15
材料	地脚螺栓 M10×100	套	0.98	4.080	—	—	—	—	—	—	—
	棉纱	kg	16.11	1.000	0.500	0.500	0.200	0.200	0.200	0.200	0.200
机械	校验机械使用费	元	—	27.42	27.42	9.14	1.83	4.57	0.91	7.31	1.37

工作内容：检查电源输出、测试输出功率、数据接口单元跳线设置、检查工作状态、网管软件安装与调试、进行系统设置。

编　号			12-199	12-200	12-201	12-202	12-203	12-204	12-205
项　目			基站设备调试						
			基站主设备（台）	网络管理设备（台）	直流电源设备（台）	接口单元			
						话路		数据	
						8路以内（个）	8路以外每增加4路（个）	4路以内（个）	4路以外每增加2路（个）
预算基价	总　价(元)		**289.09**	**577.37**	**15.22**	**72.88**	**15.22**	**101.71**	**29.64**
	人　工　费(元)		270.00	540.00	13.50	67.50	13.50	94.50	27.00
	材　料　费(元)		0.81	0.81	0.81	0.81	0.81	0.81	0.81
	机　械　费(元)		18.28	36.56	0.91	4.57	0.91	6.40	1.83
组　成　内　容	单位	单价	数　　量						
人工	综合工	工日	135.00	2.00	4.00	0.10	0.50	0.10	0.70	0.20
材料	棉纱	kg	16.11	0.050	0.050	0.050	0.050	0.050	0.050	0.050
机械	校验机械使用费	元	—	18.28	36.56	0.91	4.57	0.91	6.40	1.83

二、微波窄带无线接入系统用户站设备

工作内容：开箱检查、清点资料、清洁、连接地线、设备安装及线缆连接、加电检查、清理现场。

编　　号			12-206	12-207	12-208	12-209	12-210	12-211
项　　目			用户站设备安装					
			用户站主设备	直流电源单元	接口单元			
					话路		数据	
			（台）	（台）	4路以内 （个）	4路以外 每增加4路 （个）	1路 （个）	1路以外 每增加1路 （个）
预算基价	总　　价（元）		**363.57**	**44.85**	**46.46**	**16.02**	**32.05**	**32.05**
	人　工　费（元）		337.50	40.50	40.50	13.50	27.00	27.00
	材　料　费（元）		3.22	1.61	3.22	1.61	3.22	3.22
	机　械　费（元）		22.85	2.74	2.74	0.91	1.83	1.83
组　成　内　容	单位	单价	数　　　　量					
人工 综合工	工日	135.00	2.50	0.30	0.30	0.10	0.20	0.20
材料 棉纱	kg	16.11	0.200	0.100	0.200	0.100	0.200	0.200
机械 校验机械使用费	元	—	22.85	2.74	2.74	0.91	1.83	1.83

工作内容：检查电源输出、测试输出功率、一个用户站内部话路交换调试、数据接口单元跳线设置、检查工作状态。

编 号				12-212	12-213	12-214	12-215	12-216	12-217
项 目				用户站设备调试					
				用户站主设备 （台）	直流电源单元 （台）	接口单元			
						话路		数据	
						4路以内 （个）	4路以外 每增加4路 （个）	1路 （个）	1路以外 每增加1路 （个）
预算基价	总 价（元）			**260.26**	**2.88**	**29.64**	**15.22**	**36.84**	**15.22**
	人 工 费（元）			243.00	2.70	27.00	13.50	33.75	13.50
	材 料 费（元）			0.81	—	0.81	0.81	0.81	0.81
	机 械 费（元）			16.45	0.18	1.83	0.91	2.28	0.91
组 成 内 容		单位	单价	数 量					
人工	综合工	工日	135.00	1.80	0.02	0.20	0.10	0.25	0.10
材料	棉纱	kg	16.11	0.050	—	0.050	0.050	0.050	0.050
机械	校验机械使用费	元	—	16.45	0.18	1.83	0.91	2.28	0.91

三、微波窄带无线接入系统联调及试运行

工作内容： 测试发射功率、接收电平、无线信道误码,基站与用户站交换机互联;建立基站与用户站之间的通信链路,网管功能调试,检查话音质量、测试数据业务传输误码,系统功能调试。

单位：站

编　号				12-218	12-219
项　　目				系统联调	
				基站对1个用户站	1个用户站以外每增加1个用户站
预算基价	总　　价(元)			**1441.40**	**1153.12**
	人　工　费(元)			1350.00	1080.00
	机　械　费(元)			91.40	73.12
组 成 内 容		单位	单价	数　　量	
人工	综合工	工日	135.00	10.00	8.00
机械	校验机械使用费	元	—	91.40	73.12

工作内容：根据规范要求,测试各项技术指标的稳定性、可靠性。 单位：系统

编　　号				12-220	12-221
项　　目				系统试运行	
				基站对2个用户站	2个用户站以外每增加1个用户站
预算基价	总　　价(元)			**12972.56**	**864.84**
	人　工　费(元)			12150.00	810.00
	机　械　费(元)			822.56	54.84
组 成 内 容		**单位**	**单价**	**数　　量**	
人工	综合工	工日	135.00	90.00	6.00
机械	校验机械使用费	元	—	822.56	54.84

84

四、微波宽带无线接入系统基站设备

工作内容: 开箱检查、清点资料、设备安装、加电检查、调试设备、网管软件安装与调试、系统设置、清理现场。

编　号			12-222	12-223	12-224	12-225	12-226	12-227
项　目			基站设备安装、调试					
			机柜安装（个）	基站主设备（台）	变频设备（台）	网管设备（台）	基站室外单元	
							收发单元一体（台）	收发单元分体（台）
预算基价	总　　价(元)		**275.61**	**2884.40**	**289.89**	**4325.80**	**261.06**	**217.82**
	人　工　费(元)		270.00	2700.00	270.00	4050.00	243.00	202.50
	材　料　费(元)		5.61	1.61	1.61	1.61	1.61	1.61
	机　械　费(元)		—	182.79	18.28	274.19	16.45	13.71
组　成　内　容	单位	单价	数　　量					
人工	综合工	工日	135.00	2.00	20.00	2.00	30.00	1.80	1.50
材料	地脚螺栓 M10×100	套	0.98	4.080	—	—	—	—	—
	棉纱	kg	16.11	0.100	0.100	0.100	0.100	0.100	0.100
机械	校验机械使用费	元	—	—	—	182.79	18.28	274.19	16.45	13.71

五、微波宽带无线接入系统用户站设备

工作内容：开箱检查、清点资料、设备就位与安装、防雷接地、加电检查、调试设备、清理现场。

编　号			12-228	12-229
项　目			用户站设备安装、调试	
			用户站主设备 （台）	用户站室外单元 （个）
预算基价	总　价(元)		**579.77**	**219.42**
	人　工　费(元)		540.00	202.50
	材　料　费(元)		3.21	3.21
	机　械　费(元)		36.56	13.71
组　成　内　容	单位	单价	数　　量	
人工 综合工	工日	135.00	4.00	1.50
材料 棉纱	kg	16.11	0.100	0.100
多功能上光清洁剂	盒	16.03	0.100	0.100
机械 校验机械使用费	元	—	36.56	13.71

六、微波宽带无线接入系统联调及试运行

工作内容：技术准备、完善系统设置、基站互联、与网络设备(交换机、路由器)互联、基站入网测试、子网调整、IP调整、系统指标测试、功能验证、业务种类设置。

单位：站

编　号				12-230	12-231	12-232	12-233
项　目				系统联调			
				10个用户站以内	50个用户站以内	100个用户站以内	100个用户站以外每增加10个用户站
预算基价	总　　价(元)			**866.45**	**751.14**	**578.17**	**2884.40**
	人　工　费(元)			810.00	702.00	540.00	2700.00
	材　料　费(元)			1.61	1.61	1.61	1.61
	机　械　费(元)			54.84	47.53	36.56	182.79
组　成　内　容		单位	单价	数　　　量			
人工	综合工	工日	135.00	6.00	5.20	4.00	20.00
材料	棉纱	kg	16.11	0.100	0.100	0.100	0.100
机械	校验机械使用费	元	—	54.84	47.53	36.56	182.79

工作内容：根据规范要求,测试各项技术指标的稳定性、可靠性。 **单位：**系统

编　号			12-234	12-235	12-236	12-237
项　目			系统试运行			
			10个用户站以内	50个用户站以内	100个用户站以内	100个用户站以外每增加10个用户站
预算基价	总　　　价(元)		**938.52**	**289.89**	**217.82**	**1443.01**
	人 工 费(元)		877.50	270.00	202.50	1350.00
	材 料 费(元)		1.61	1.61	1.61	1.61
	机 械 费(元)		59.41	18.28	13.71	91.40
组 成 内 容		单位	单价	数　　量			
人工	综合工	工日	135.00	6.50	2.00	1.50	10.00
材料	棉纱	kg	16.11	0.100	0.100	0.100	0.100
机械	校验机械使用费	元	—	59.41	18.28	13.71	91.40

七、会议电话设备

工作内容： 安装固定、通电检查、联网试验。

编　　号				12-238	12-239	12-240	12-241
项　　目				汇接机 （架）	会议电话		联网 （全分配式） （端）
					总机 （台）	分机 （台）	
预算基价	总　　价（元）			**1877.02**	**1874.62**	**1081.86**	**1153.93**
	人　工　费（元）			1755.00	1755.00	1012.50	1080.00
	材　料　费（元）			3.21	0.81	0.81	0.81
	机　械　费（元）			118.81	118.81	68.55	73.12
组　成　内　容		单位	单价	数　　量			
人工	综合工	工日	135.00	13.00	13.00	7.50	8.00
材料	镀锌精制六角带帽螺栓 M8×30	套	0.59	4.080	—	—	—
	棉纱	kg	16.11	0.050	0.050	0.050	0.050
机械	校验机械使用费	元	—	118.81	118.81	68.55	73.12

八、会议电视设备

工作内容: 开箱检验、安装机架、装配机盘及附件、本机及联网后软件与硬件调试及功能验证。

单位: 台

编 号			12-242	12-243	12-244
项 目			多点控制器		编解码器
			≤24端口	>24端口	
预算基价	总 价(元)		**1370.14**	**2162.90**	**433.23**
	人 工 费(元)		1282.50	2025.00	405.00
	材 料 费(元)		0.81	0.81	0.81
	机 械 费(元)		86.83	137.09	27.42
组 成 内 容		单位	单价	数 量	
人工	综合工	工日	135.00	9.50	15.00	3.00
材料	棉纱	kg	16.11	0.050	0.050	0.050
机械	校验机械使用费	元	—	86.83	137.09	27.42

工作内容： 开箱检验、安装机架、装配机盘及附件、本机及联网后软件与硬件调试及功能验证。　　　　　　　　　　　　　　**单位：** 系统

编　号			12-245	12-246	12-247	12-248	12-249	12-250
项　目			联网系统试验		网管系统安装、调试	业务功能检查	系统技术指标检查	系统稳定性测试
			一级级联	两级级联				
预算基价	总　价(元)		**1449.46**	**1802.55**	**31279.08**	**11387.83**	**2739.46**	**13694.06**
	人　工　费(元)		1350.00	1687.50	29295.00	10665.00	2565.00	12825.00
	材　料　费(元)		8.06	0.81	0.81	0.81	0.81	0.81
	机　械　费(元)		91.40	114.24	1983.27	722.02	173.65	868.25
组　成　内　容	单位	单价	数　　量					
人工 综合工	工日	135.00	10.00	12.50	217.00	79.00	19.00	95.00
材料 棉纱	kg	16.11	0.500	0.050	0.050	0.050	0.050	0.050
机械 校验机械使用费	元	—	91.40	114.24	1983.27	722.02	173.65	868.25

九、铁　塔

工作内容：现场准备、起吊、组装、调整、防腐处理等。

单位：t

编　号			12-251	12-252	12-253	12-254	12-255	12-256	12-257
项　目			地面铁塔架设						100m以外每增加10m
			m以内						
			25	45	65	80	90	100	
预算基价	总　价（元）		**2639.50**	**3026.87**	**3416.57**	**4076.27**	**5003.63**	**7281.00**	**2949.42**
	人　工　费（元）		2160.00	2430.00	2700.00	3240.00	4050.00	6210.00	2700.00
	材　料　费（元）		28.64	33.29	40.28	47.26	51.91	56.56	23.99
	机　械　费（元）		450.86	563.58	676.29	789.01	901.72	1014.44	225.43
组　成　内　容	单位	单价	数　　量						
人工 综合工	工日	135.00	16.00	18.00	20.00	24.00	30.00	46.00	20.00
材料 汽油 90#	kg	7.16	1.300	1.500	1.800	2.100	2.300	2.500	1.100
棉纱	kg	16.11	1.200	1.400	1.700	2.000	2.200	2.400	1.000
机械 卷扬机 单筒快速 20kN	台班	225.43	2.000	2.500	3.000	3.500	4.000	4.500	1.000

十、天 线

工作内容： 天线和天线架的搬运、安装及吊装，天线安装就位、调整方位和俯仰角、补漆，吊装设备的安装、拆除。 **单位：** 副

编　号			12-258	12-259	12-260	12-261	12-262	12-263	12-264	12-265	12-266
项　目			φ2.0m以内抛物面天线在楼顶铁塔上吊装					φ2.0m以内抛物面天线地面铁塔上吊装			
			楼顶距地面20m以内					天线挂高（m）			
			水泥底座上	4m以内铁架上	天线挂高（m）			≤30	≤50	≤70	70以外每增加10
					≤10	≤30	30以外每增加10				
预算基价	总　　　价（元）		**810.00**	**1066.24**	**1765.20**	**3076.05**	**633.72**	**2647.09**	**4492.26**	**6067.43**	**1155.25**
	人　工　费（元）		810.00	945.00	1620.00	2835.00	540.00	2430.00	4185.00	5670.00	810.00
	材　料　费（元）		—	8.52	9.94	15.62	3.55	14.20	14.20	14.20	7.10
	机　械　费（元）		—	112.72	135.26	225.43	90.17	202.89	293.06	383.23	338.15
组 成 内 容	单位	单价	数　　　量								
人工 综合工	工日	135.00	6.00	7.00	12.00	21.00	4.00	18.00	31.00	42.00	6.00
材料 天线及配套件	套	—	—	(1.00)	(1.00)	(1.00)	(1.00)	(1.00)	(1.00)	(1.00)	—
材料 汽油 70#	kg	7.10	—	1.200	1.400	2.200	0.500	2.000	2.000	2.000	1.000
机械 卷扬机 单筒快速 20kN	台班	225.43	—	0.500	0.600	1.000	0.400	0.900	1.300	1.700	1.500

工作内容：天线和天线架的搬运、安装及吊装,天线安装就位、调整方位和俯仰角、补漆,吊装设备的安装、拆除。　　　　　　　　　　　　　　　**单位：**副

编　号			12-267	12-268	12-269	12-270	12-271
项　目			φ3.2m以内抛物面天线在楼顶铁塔上吊装				
			楼顶距地面20m以内				
			水泥底座上	4m以内 铁架上	天线挂高(m)		
					≤10	≤30	30以外 每增加10
预 算 基 价	总　　　价(元)		**945.00**	**1088.52**	**2080.28**	**3389.72**	**858.89**
	人　工　费(元)		945.00	1080.00	1890.00	3105.00	675.00
	材　料　费(元)		—	8.52	9.94	14.20	3.55
	机　械　费(元)		—	—	180.34	270.52	180.34
组 成 内 容	单位	单价	数　　量				
人工 综合工	工日	135.00	7.00	8.00	14.00	23.00	5.00
材料 天线及配套件	套	—	—	(1.00)	(1.00)	(1.00)	(1.00)
汽油 70#	kg	7.10	—	1.200	1.400	2.000	0.500
机械 卷扬机 单筒快速 20kN	台班	225.43	—	—	0.800	1.200	0.800

94

工作内容：天线和天线架的搬运、安装及吊装,天线安装就位、调整方位和俯仰角、补漆,吊装设备的安装、拆除。

单位：副

编　号			12-272	12-273	12-274	12-275	12-276	12-277
项　目			ϕ3.2m以内抛物面天线地面铁塔上吊装					
			地面铁塔天线挂高(m)				天线加边加罩	分瓣天线拼装
			≤30	≤50	≤70	70以外每增加10		
预算基价	总　　价(元)		**3074.63**	**5369.89**	**6990.15**	**1297.35**	**337.50**	**337.50**
	人　工　费(元)		2835.00	4995.00	6480.00	945.00	337.50	337.50
	材　料　费(元)		14.20	14.20	14.20	14.20	—	—
	机　械　费(元)		225.43	360.69	495.95	338.15	—	—
组　成　内　容	单位	单价	数　　量					
人工 综合工	工日	135.00	21.00	37.00	48.00	7.00	2.50	2.50
材料 天线及配套件	套	—	(1.00)	(1.00)	(1.00)	—	—	—
汽油 70#	kg	7.10	2.000	2.000	2.000	2.000	—	—
机械 卷扬机 单筒快速 20kN	台班	225.43	1.000	1.600	2.200	1.500	—	—

十一、馈　线

工作内容：开箱检验、清洁搬运、丈量配对、波导管吊装、馈线调整加固。

单位：条

编　号			12-278	12-279	12-280	12-281	12-282	12-283
项　目			矩形波导（m）		椭圆形波导（m）			
					楼顶铁塔		地面铁塔	
			≤10	10以外每增加5	≤10	10以外每增加5	≤10	10以外每增加5
预算基价	总　价（元）		**339.11**	**109.61**	**474.11**	**136.61**	**406.61**	**136.61**
	人　工　费（元）		337.50	108.00	472.50	135.00	405.00	135.00
	材　料　费（元）		1.61	1.61	1.61	1.61	1.61	1.61
组　成　内　容	单位	单价	数　　量					
人工	综合工	工日	135.00	2.50	0.80	3.50	1.00	3.00	1.00
材料	棉纱	kg	16.11	0.100	0.100	0.100	0.100	0.100	0.100

十二、天线、馈线调试

工作内容: 调试天线接收场强电平及天线驻波比,测试馈线损耗、极化去耦、驻波比,测试调整系统极化去耦。

编　号			12-284	12-285	12-286	12-287	12-288
项　目			天线调试				馈线调试 （条）
			楼顶铁塔	地面铁塔	楼顶铁塔	地面铁塔	
			$\phi \leqslant 2m$ （副）		$\phi \leqslant 3.2m$ （副）		
预算基价	总　价(元)		**649.44**	**577.37**	**829.61**	**649.44**	**217.02**
	人　工　费(元)		607.50	540.00	776.25	607.50	202.50
	材　料　费(元)		0.81	0.81	0.81	0.81	0.81
	机　械　费(元)		41.13	36.56	52.55	41.13	13.71
组　成　内　容	单位	单价	数　　量				
人工 综合工	工日	135.00	4.50	4.00	5.75	4.50	1.50
材料 棉纱	kg	16.11	0.050	0.050	0.050	0.050	0.050
机械 校验机械使用费	元	—	41.13	36.56	52.55	41.13	13.71

十三、卫星通信甚小口径地面站(VSAT)中心站设备

工作内容： 开箱检验、设备安装、单机及单元调试。　　　　　　　　　　　　　　　　　　　　　单位：台

编　号				12-289	12-290	12-291	12-292
项　目				中心站设备安装、调试			
				室外单元系统安装	室外单元系统调试	室内单元安装、调试	监控设备安装、调试
预算基价	总　　价(元)			**4591.61**	**11532.77**	**15856.96**	**5767.19**
	人　工　费(元)			4590.00	10800.00	14850.00	5400.00
	材　料　费(元)			1.61	1.61	1.61	1.61
	机　械　费(元)			—	731.16	1005.35	365.58
组 成 内 容		单位	单价	数　　量			
人工	综合工	工日	135.00	34.00	80.00	110.00	40.00
材料	棉纱	kg	16.11	0.100	0.100	0.100	0.100
机械	校验机械使用费	元	—	—	731.16	1005.35	365.58

十四、卫星通信甚小口径地面站端站设备

工作内容： 开箱检验、设备安装、单机及单元调试、室内中频环测、开通测试,与中心站对测、用户试通。 单位：站

编　号				12-293
项　目				端站设备安装、调试
预算基价	总　价(元)			**4328.21**
	人　工　费(元)			4050.00
	材　料　费(元)			4.02
	机　械　费(元)			274.19
组 成 内 容		单位	单价	数　量
人工	综合工	工日	135.00	30.00
材料	多功能上光清洁剂	盒	16.03	0.150
	棉纱	kg	16.11	0.100
机械	校验机械使用费	元	—	274.19

十五、卫星通信甚小口径地面站中心站站内环测及全网系统对测

工作内容：1.站内环测：站内中频和射频环测。2.全网系统对测：中心站与各端站对测、用户试通。

单位：站

编 号			12-294	12-295	12-296
项 目			中心站站内环测	全网系统对测	
				30个端站以内	30个端站以外每增加1个端站
预算基价	总 价(元)		**2307.84**	**8649.98**	**221.04**
	人 工 费(元)		2160.00	8100.00	202.50
	材 料 费(元)		1.61	1.61	4.83
	机 械 费(元)		146.23	548.37	13.71
组 成 内 容	单位	单价	数 量		
人工 综合工	工日	135.00	16.00	60.00	1.50
材料 棉纱	kg	16.11	0.100	0.100	0.300
机械 校验机械使用费	元	—	146.23	548.37	13.71

十六、光纤传输设备

工作内容：开箱检验、安装设备、设备调试。

单位：端

编　号			12-297	12-298	12-299	12-300	12-301	12-302	12-303	12-304	12-305	12-306
项　目			SDH安装、调试								再生中继器（REG）	
			10Gb/s		2.5Gb/s		622Mb/s		155Mb/s			
			终端复用器（TM）	分插复用器（ADM）	终端复用器（TM）	分插复用器（ADM）	终端复用器（TM）	分插复用器（ADM）	终端复用器（TM）	分插复用器（ADM）	2系统（架）	每增加1系统
预算基价	总　　价(元)		4469.13	3316.02	3344.85	2090.83	1009.79	3143.05	865.65	2451.18	1009.79	433.23
	人　工　费(元)		4185.00	3105.00	3132.00	1957.50	945.00	2943.00	810.00	2295.00	945.00	405.00
	材　料　费(元)		0.81	0.81	0.81	0.81	0.81	0.81	0.81	0.81	0.81	0.81
	机　械　费(元)		283.32	210.21	212.04	132.52	63.98	199.24	54.84	155.37	63.98	27.42
组 成 内 容	单位	单价	数　　量									
人工 综合工	工日	135.00	31.00	23.00	23.20	14.50	7.00	21.80	6.00	17.00	7.00	3.00
材料 棉纱	kg	16.11	0.050	0.050	0.050	0.050	0.050	0.050	0.050	0.050	0.050	0.050
机械 校验机械使用费	元	—	283.32	210.21	212.04	132.52	63.98	199.24	54.84	155.37	63.98	27.42

工作内容：开箱检验、安装设备、设备调试。

编　号			12-307	12-308	12-309	12-310	12-311	12-312	12-313	12-314	12-315	12-316
项　目			SDH安装、调试			PDH安装、调试						
			2Mb/s 电接口板 (端)	155Mb/s (或140Mb/s) 光或电接口板 (端)	数字交叉连接设备 (DXC) (端)	光端机 (端)	光端机主、备用自动转换设备 (套)	复用电端机		PCM基群设备 (端)	接入网	
								递级复用 (端)	跳级复用 (端)		局端设备 (端)	网络单元设备 (端)
预算基价	总　　价(元)		**666.73**	**270.35**	**7215.04**	**289.09**	**1009.79**	**433.23**	**1009.79**	**721.51**	**3964.65**	**3806.09**
	人　工　费(元)		623.70	252.45	6750.00	270.00	945.00	405.00	945.00	675.00	3712.50	3564.00
	材　料　费(元)		0.81	0.81	8.06	0.81	0.81	0.81	0.81	0.81	0.81	0.81
	机　械　费(元)		42.22	17.09	456.98	18.28	63.98	27.42	63.98	45.70	251.34	241.28
组　成　内　容		单位	单价	数　　量									
人工	综合工	工日	135.00	4.62	1.87	50.00	2.00	7.00	3.00	7.00	5.00	27.50	26.40
材料	棉纱	kg	16.11	0.050	0.050	0.500	0.050	0.050	0.050	0.050	0.050	0.050	0.050
机械	校验机械使用费	元	—	42.22	17.09	456.98	18.28	63.98	27.42	63.98	45.70	251.34	241.28

工作内容：开箱检验、安装设备、设备调试。

编　号				12-317	12-318	12-319	12-320	12-321	12-322	12-323	12-324
项　目				PDH安装、调试	DWDM安装、调试						
				接入网	光终端复用器		光线路放大器		光分插设备	光波长转换器	光波长复用器
				信令转换设备	OTM		OLA		OADM	OUT	
				（端）	40波（端）	16波（端）	40波（端）	16波（端）	（端）	（单向）（端）	（套）
预算基价	总　　价（元）			**3488.99**	**21045.18**	**12973.37**	**4036.72**	**2883.60**	**7496.06**	**433.23**	**2595.32**
	人 工 费（元）			3267.00	19710.00	12150.00	3780.00	2700.00	7020.00	405.00	2430.00
	材 料 费（元）			0.81	0.81	0.81	0.81	0.81	0.81	0.81	0.81
	机 械 费（元）			221.18	1334.37	822.56	255.91	182.79	475.25	27.42	164.51
组 成 内 容		单位	单价	数　　量							
人工	综合工	工日	135.00	24.20	146.00	90.00	28.00	20.00	52.00	3.00	18.00
材料	棉纱	kg	16.11	0.050	0.050	0.050	0.050	0.050	0.050	0.050	0.050
机械	校验机械使用费	元	—	221.18	1334.37	822.56	255.91	182.79	475.25	27.42	164.51

十七、网络管理系统、监控设备

工作内容： 开箱检验,设备及软件的安装和调试,性能测试和功能检查试验。

单位：系统

编　号			12-325	12-326	12-327	12-328	12-329	12-330
项　目			DWDM/SDH安装、调试			DWDM/SDH网络管理系统运行测试		
			网络管理系统	网元管理系统	本地维护终端	网络管理系统	网元管理系统	本地维护终端
预算基价	总　价(元)		**21600.81**	**12150.81**	**1485.81**	**10935.81**	**3645.81**	**1215.81**
	人 工 费(元)		21600.00	12150.00	1485.00	10935.00	3645.00	1215.00
	材 料 费(元)		0.81	0.81	0.81	0.81	0.81	0.81
组 成 内 容	单位	单价	数　量					
人工 综合工	工日	135.00	160.00	90.00	11.00	81.00	27.00	9.00
材料 棉纱	kg	16.11	0.050	0.050	0.050	0.050	0.050	0.050

工作内容：开箱检验,设备及软件的安装和调试,性能测试和功能检查试验。

单位：站

编 号			12-331	12-332	12-333	12-334	12-335
项 目			PDH监控设备安装、调试		PDH监控系统运行试验	PDH网络系统安装、调试	
			中心站	分站		接入网网络管理系统	同步网网络管理系统
预算基价	总 价(元)		**4320.81**	**2430.81**	**3645.81**	**4320.81**	**21600.81**
	人 工 费(元)		4320.00	2430.00	3645.00	4320.00	21600.00
	材 料 费(元)		0.81	0.81	0.81	0.81	0.81
组 成 内 容	单位	单价	数 量				
人工 综合工	工日	135.00	32.00	18.00	27.00	32.00	160.00
材料 棉纱	kg	16.11	0.050	0.050	0.050	0.050	0.050

十八、数字通信通道调试

工作内容： 各种特性及性能的调试。

单位：站

编　号			12-336	12-337	12-338	12-339	12-340	12-341
项　目			光中继段测试	数字段调试	通路对端调试	2～4次群复用设备对端调试	稳定观测	光、电调试中间站配合
预算基价	总　价(元)		**577.37**	**721.51**	**72.88**	**462.06**	**3375.81**	**1215.81**
	人　工　费(元)		540.00	675.00	67.50	432.00	3375.00	1215.00
	材　料　费(元)		0.81	0.81	0.81	0.81	0.81	0.81
	机　械　费(元)		36.56	45.70	4.57	29.25	—	—
组　成　内　容	单位	单价	数　　　量					
人工　综合工	工日	135.00	4.00	5.00	0.50	3.20	25.00	9.00
材料　棉纱	kg	16.11	0.050	0.050	0.050	0.050	0.050	0.050
机械　校验机械使用费	元	—	36.56	45.70	4.57	29.25	—	—

十九、同步数字网络设备

工作内容：开箱检验，安装加固、插装机盘、本机检查、数字同步设备及本地监控终端安装与调试、GPS天线安装。

单位：台

编　号			12-342	12-343	12-344
项　目			综合定时供给设备 BITS	铯钟	GPS接收机
预算基价	总　　价(元)		**1350.81**	**405.81**	**405.81**
	人　工　费(元)		1350.00	405.00	405.00
	材　料　费(元)		0.81	0.81	0.81
组 成 内 容	单位	单价	数　量		
人工 综合工	工日	135.00	10.00	3.00	3.00
材料 棉纱	kg	16.11	0.050	0.050	0.050

二十、程控交换机

工作内容： 程控交换机的硬件及软件安装、调试与开通。

单位：部

编 号				12-345	12-346	12-347	12-348	12-349
项 目				≤300用户线	≤500用户线	≤1000用户线	≤2000用户线	2000用户线以外每增加1000线
预算基价	总 价(元)			**10169.38**	**13490.73**	**21430.70**	**25774.92**	**11579.92**
	人 工 费(元)			9450.00	12555.00	19980.00	24030.00	10800.00
	材 料 费(元)			79.62	85.76	98.05	118.09	48.76
	机 械 费(元)			639.76	849.97	1352.65	1626.83	731.16
组 成 内 容		单位	单价	数 量				
人工	综合工	工日	135.00	70.00	93.00	148.00	178.00	80.00
材料	打印纸 132行	包	61.44	0.200	0.300	0.500	0.800	0.500
	色带	盒	32.86	2.000	2.000	2.000	2.000	0.500
	棉纱	kg	16.11	0.100	0.100	0.100	0.200	0.100
机械	校验机械使用费	元	—	639.76	849.97	1352.65	1626.83	731.16

二十一、中继线调试

工作内容： 中继设置、中继分配、类型划分、本机自环和功能调试等。　　　　　　　　　　　　　　　　　　**单位：** 10 路

编　号			12-350	12-351	12-352	12-353	12-354	12-355
项　　目			模拟中继	数字中继				
				1号信令	7号信令	Q信令	ETSI	仿其他
预算基价	总　　价(元)		**504.97**	**778.83**	**951.80**	**778.83**	**865.32**	**577.04**
	人　工　费(元)		472.50	729.00	891.00	729.00	810.00	540.00
	材　料　费(元)		0.48	0.48	0.48	0.48	0.48	0.48
	机　械　费(元)		31.99	49.35	60.32	49.35	54.84	36.56
组　成　内　容	单位	单价	数　　量					
人工 综合工	工日	135.00	3.50	5.40	6.60	5.40	6.00	4.00
材料 棉纱	kg	16.11	0.030	0.030	0.030	0.030	0.030	0.030
机械 校验机械使用费	元	—	31.99	49.35	60.32	49.35	54.84	36.56

二十二、外 围 设 备

工作内容： 安装、连线、试验、开通。

单位：台

编　号			12-356	12-357	12-358	12-359	12-360	12-361	12-362	12-363
项　目			终端	数字话机或其他接口	电脑话务员	话务台	远程维护	计费系统（含微机及打印机）	语音信箱设备	酒店管理系统
预算基价	总　　价(元)		**432.42**	**365.39**	**432.42**	**445.68**	**432.42**	**1833.75**	**2410.31**	**3702.53**
	人 工 费(元)		405.00	337.50	405.00	405.00	405.00	1620.00	2160.00	3375.00
	材 料 费(元)		—	5.04	—	13.26	—	104.08	104.08	99.04
	机 械 费(元)		27.42	22.85	27.42	27.42	27.42	109.67	146.23	228.49
组 成 内 容		单位	单价			数　　量				
人工	综合工	工日	135.00	3.00	2.50	3.00	3.00	3.00	12.00	16.00	25.00
材料	光盘 5″	片	4.23	—	1.000	—	—	—	1.000	1.000	—
	棉纱	kg	16.11	—	0.050	—	0.500	—	0.050	0.050	—
	软盘 3.5″	片	2.60	—	—	—	2.000	—	1.000	1.000	1.000
	打印纸 132行	包	61.44	—	—	—	—	—	0.500	0.500	0.500
	色带	盒	32.86	—	—	—	—	—	2.000	2.000	2.000
机械	校验机械使用费	元	—	27.42	22.85	27.42	27.42	27.42	109.67	146.23	228.49

第四章 计算机网络系统设备安装工程

说　明

一、本章适用范围：楼宇、小区智能化系统中计算机网络系统设备的安装、调试工程。

二、接口卡安装、调试项目中的"多用户卡"子目适用于无线网卡调试。

三、基带调制解调器系指DDN、ISDN、帧中继调制解调器。

四、路由器系统功能调试项目中的"广域网接入路由器设置"子目适用于无线网桥功能调试。

五、网络调试项目中的"信息点"是指接入到局域网中的信息用户点。

工程量计算规则

一、终端设备：依据名称、类型，按设计图示数量计算。

二、附属设备：依据名称、功能、规格，按设计图示数量计算。

三、网络终端设备：依据名称、功能、服务范围，按设计图示数量计算。

四、接口卡：依据名称、类型、传输效率，按设计图示数量计算。

五、网络集线器：依据名称、类型、堆叠单元量，按设计图示数量计算。

六、局域网交换机：依据名称、功能、层数（交换机），按设计图示数量计算。

七、路由器：依据名称、功能，按设计图示数量计算。

八、防火墙：依据名称、类型、功能，按设计图示数量计算。

九、调制解调器：依据名称、类型，按设计图示数量计算。

十、服务器系统软件：依据名称、功能，按设计图示数量计算。

十一、网络调试及试运行：依据名称、信息点数量，按设计图示数量计算。

十二、网管系统软件：依据名称、类型，按设计图示数量计算。

一、终 端 设 备

工作内容：技术准备、开箱检查、定位安装、互联、检测调试、交验。

单位：台

编　号			12-364	12-365	12-366	12-367	12-368
项　目			微机				
			硬件	系统软件	工具软件	网络软件	应用软件
预算基价	总　价(元)		**81.57**	**94.57**	**89.37**	**57.17**	**116.37**
	人 工 费(元)		81.00	81.00	81.00	54.00	108.00
	材 料 费(元)		0.57	13.57	8.37	3.17	8.37
组 成 内 容	单位	单价	数　量				
人工 综合工	工日	135.00	0.60	0.60	0.60	0.40	0.80
材料 脱脂棉	kg	28.74	0.020	0.020	0.020	0.020	0.020
软盘 3.5″	片	2.60	—	5.000	3.000	1.000	3.000

二、附 属 设 备

工作内容：技术准备、开箱检查、定位安装、互联、检测调试、交验。

单位：台

编 号			12-369	12-370	12-371	12-372	12-373	12-374	12-375	12-376	12-377	12-378
项 目			针式打印机	喷墨打印机	激光打印机	热转印打印机	笔式绘图仪	喷墨绘图仪	数字绘图仪	复印机	刻录机	扫描仪
预算基价	总 价(元)		**37.05**	**72.75**	**86.24**	**47.79**	**84.60**	**84.60**	**69.68**	**157.38**	**36.83**	**29.18**
	人 工 费(元)		27.00	40.50	67.50	27.00	67.50	67.50	67.50	135.00	13.50	27.00
	材 料 费(元)		10.05	32.25	18.74	20.79	17.10	17.10	2.18	22.38	23.33	2.18
组 成 内 容	单位	单价	数 量									
人工 综合工	工日	135.00	0.20	0.30	0.50	0.20	0.50	0.50	0.50	1.00	0.10	0.20
材料 针打色带	盒	33.31	0.100	—	—	—	—	—	—	—	—	—
打印纸 132行	包	61.44	0.100	0.500	—	—	—	—	—	—	—	—
脱脂棉	kg	28.74	0.020	0.020	0.020	0.020	0.020	0.020	0.020	0.020	0.020	0.020
喷墨打印机墨水	瓶	9.60	—	0.100	—	—	—	—	—	—	—	—
复印机用纸 A4	卷	18.82	—	—	0.300	—	—	—	—	0.200	—	—
激光打印机墨粉 180g	瓶	62.59	—	—	0.200	—	—	—	—	—	—	—
热转印打印机用纸	盒	69.90	—	—	—	0.200	—	—	—	—	—	—
热转印打印机碳带	卷	31.18	—	—	—	0.200	—	—	—	—	—	—
喷墨绘图仪用纸 A1 50m	卷	69.01	—	—	—	—	0.200	0.200	—	—	—	—
绘图仪墨水	瓶	11.25	—	—	—	—	0.100	0.100	—	—	—	—
多功能上光清洁剂	盒	16.03	—	—	—	—	0.100	0.100	0.100	0.100	0.100	0.100
复印机墨盒	个	164.41	—	—	—	—	—	—	—	0.100	—	—
光盘 5″	片	4.23	—	—	—	—	—	—	—	—	5.000	—

工作内容：技术准备、开箱检查、定位安装、互联、检测调试、交验。

编　号			12-379	12-380	12-381	12-382	12-383	12-384	12-385	12-386	12-387	12-388
项　目			传真机（台）	投影仪（台）	打印机共享器（台）	打印机控制器（台）	串并转换器（台）	各种卡（个）	内存条（条）	光盘库（盒）		
										≤50（台）	≤100（台）	≤200（台）
预算基价	总　　价(元)		**32.94**	**29.18**	**15.68**	**15.68**	**15.68**	**14.07**	**13.50**	**288.85**	**433.57**	**649.78**
	人　工　费(元)		27.00	27.00	13.50	13.50	13.50	13.50	13.50	270.00	405.00	607.50
	材　料　费(元)		5.94	2.18	2.18	2.18	2.18	0.57	—	0.57	1.15	1.15
	机　械　费(元)		—	—	—	—	—	—	—	18.28	27.42	41.13
组 成 内 容	单位	单价	数　　量									
人工	综合工	工日	135.00	0.20	0.20	0.10	0.10	0.10	0.10	0.10	2.00	3.00	4.50
材料	多功能上光清洁剂	盒	16.03	0.100	0.100	0.100	0.100	0.100	—	—	—	—	—
	脱脂棉	kg	28.74	0.020	0.020	0.020	0.020	0.020	0.020	—	0.020	0.040	0.040
	复印机用纸 A4	卷	18.82	0.200	—	—	—	—	—	—	—	—	—
机械	校验机械使用费	元	—	—	—	—	—	—	—	—	18.28	27.42	41.13

三、网络终端设备

工作内容: 技术准备、开箱检查、清洁、定位安装、互联、接口检查、加电调试。

单位:台

编　号			12-389	12-390	12-391	12-392
项　目			工作站	服务器		
				工作组级服务器	部门级服务器	企业级服务器
预算基价	总　　　价(元)		**306.06**	**374.56**	**446.63**	**590.77**
	人　工　费(元)		270.00	337.50	405.00	540.00
	材　料　费(元)		17.78	14.21	14.21	14.21
	机　械　费(元)		18.28	22.85	27.42	36.56
组　成　内　容		单位	单价	数　　　量		
人工	综合工	工日	135.00	2.00	2.50	3.00	4.00
材料	软盘 3.5″	片	2.60	6.000	3.000	3.000	3.000
	多功能上光清洁剂	盒	16.03	0.100	0.100	0.100	0.100
	脱脂棉	kg	28.74	0.020	0.020	0.020	0.020
	光盘 5″	片	4.23	—	1.000	1.000	1.000
机械	校验机械使用费	元	—	18.28	22.85	27.42	36.56

四、接 口 卡

工作内容：技术准备、开箱检查、清洁、定位安装、互联、接口检查、加电调试。

单位：台

编　号			12-393	12-394	12-395	12-396	12-397	12-398
项　目			以太网卡(Mb/s)				多用户卡	视频卡
			10	100	10/100 （自适应）	1000		
预算基价	总　价(元)		**94.26**	**94.26**	**94.26**	**94.26**	**29.40**	**29.40**
	人　工　费(元)		87.75	87.75	87.75	87.75	27.00	27.00
	材　料　费(元)		0.57	0.57	0.57	0.57	0.57	0.57
	机　械　费(元)		5.94	5.94	5.94	5.94	1.83	1.83
组 成 内 容	单位	单价	数　　量					
人工 综合工	工日	135.00	0.65	0.65	0.65	0.65	0.20	0.20
材料 脱脂棉	kg	28.74	0.020	0.020	0.020	0.020	0.020	0.020
机械 校验机械使用费	元	—	5.94	5.94	5.94	5.94	1.83	1.83

五、网络集线器设备

工作内容： 技术准备、开箱检查、清洁、定位安装、互联、接口检查、加电调试。

单位：台

编 号			12-399	12-400	12-401
项 目			普通型集线器	堆叠式集线器（个）	
				堆叠单元 2～4	堆叠单元 5～8
预算基价	总 价(元)		**59.84**	**175.15**	**232.80**
	人 工 费(元)		54.00	162.00	216.00
	材 料 费(元)		2.18	2.18	2.18
	机 械 费(元)		3.66	10.97	14.62
组 成 内 容	单位	单价	数 量		
人工 综合工	工日	135.00	0.40	1.20	1.60
材料 多功能上光清洁剂	盒	16.03	0.100	0.100	0.100
脱脂棉	kg	28.74	0.020	0.020	0.020
机械 校验机械使用费	元	—	3.66	10.97	14.62

六、局域网交换机设备

工作内容：技术准备、开箱检查、清洁、定位安装、互联、接口检查、加电调试。

单位：台

编 号			12-402	12-403	12-404	12-405	12-406
项 目			工作组级交换机	部门级交换机		企业级交换机	
				二层交换机	三层交换机	二层交换机	三层交换机
预算基价	总 价(元)		**218.39**	**247.22**	**261.63**	**261.63**	**276.05**
	人 工 费(元)		202.50	229.50	243.00	243.00	256.50
	材 料 费(元)		2.18	2.18	2.18	2.18	2.18
	机 械 费(元)		13.71	15.54	16.45	16.45	17.37
组 成 内 容		单位	单价	数 量			
人工	综合工	工日	135.00	1.50	1.70	1.80	1.80	1.90
材料	多功能上光清洁剂	盒	16.03	0.100	0.100	0.100	0.100	0.100
	脱脂棉	kg	28.74	0.020	0.020	0.020	0.020	0.020
机械	校验机械使用费	元	—	13.71	15.54	16.45	16.45	17.37

工作内容：技术准备、虚网划分、端口设置、路由设置、包过滤、设备监控等功能调试。　　　　　　　　　　　　　　　　　　　**单位**：个

编　号				12-407	12-408
项　目				局域网交换机系统功能调试	
				2个子网以内	每增加1个子网
预算基价	总　价(元)			**218.39**	**31.01**
	人　工　费(元)			202.50	27.00
	材　料　费(元)			2.18	2.18
	机　械　费(元)			13.71	1.83
组　成　内　容		单位	单价	数　　量	
人工	综合工	工日	135.00	1.50	0.20
材料	多功能上光清洁剂	盒	16.03	0.100	0.100
	脱脂棉	kg	28.74	0.020	0.020
机械	校验机械使用费	元	—	13.71	1.83

七、路 由 器

工作内容：技术准备、开箱检查、清洁、定位安装、互联、接口检查、加电调试。

单位：台

编　号				12-409	12-410
项　目				局域网路由器	广域网接入路由器
预算基价	总　　　价(元)			**218.39**	**247.22**
	人　工　费(元)			202.50	229.50
	材　料　费(元)			2.18	2.18
	机　械　费(元)			13.71	15.54
组 成 内 容		单位	单价	数　　　量	
人工	综合工	工日	135.00	1.50	1.70
材料	多功能上光清洁剂	盒	16.03	0.100	0.100
	脱脂棉	kg	28.74	0.020	0.020
机械	校验机械使用费	元	—	13.71	15.54

工作内容：技术准备、路由设置、安全策略设置、功能调试。　　　　　　　　　　　　　　　　　　　　　　　**单位：**台

编　　号			12-411	12-412	12-413
项　　目			路由器系统功能调试		
			局域网路由器设置		广域网接入路由器设置
			2个子网以内	每增加1个子网	
预算基价	总　　　价(元)		**218.39**	**31.01**	**216.21**
	人　工　费(元)		202.50	27.00	202.50
	材　料　费(元)		2.18	2.18	—
	机　械　费(元)		13.71	1.83	13.71
组　成　内　容		单位	单价	数　　　量	
人工	综合工	工日	135.00	1.50	0.20	1.50
材料	多功能上光清洁剂	盒	16.03	0.100	0.100	—
	脱脂棉	kg	28.74	0.020	0.020	—
机械	校验机械使用费	元	—	13.71	1.83	13.71

124

八、防火墙设备

工作内容: 技术准备、开箱检查、清洁、定位安装、互联、接口检查、设备加电调试、安全策略设置、功能检查。

单位:台

编　号			12-414	12-415	12-416
项　目			企业级		ICP/ISP级
			小型	大型	
预算基价	总　　　价(元)		**148.92**	**299.63**	**448.97**
	人　工　费(元)		135.00	270.00	405.00
	材　料　费(元)		4.78	11.35	16.55
	机　械　费(元)		9.14	18.28	27.42
组　成　内　容		单位	单价	数　　　量	
人工	综合工	工日	135.00	1.00	2.00	3.00
材料	软盘 3.5″	片	2.60	1.000	3.000	5.000
	多功能上光清洁剂	盒	16.03	0.100	0.150	0.150
	脱脂棉	kg	28.74	0.020	0.040	0.040
机械	校验机械使用费	元	—	9.14	18.28	27.42

125

九、调制解调器设备

工作内容：技术准备、开箱检查、清洁、定位安装、互联、接口检查、设备加电调试。

单位：台

编　号				12-417	12-418	12-419
项　目				音频调制解调器	基带调制解调器	XDSL接入设备
预算基价	总　价（元）			**261.63**	**146.32**	**162.00**
	人　工　费（元）			243.00	135.00	162.00
	材　料　费（元）			2.18	2.18	—
	机　械　费（元）			16.45	9.14	—
组　成　内　容		单位	单价	数　　量		
人工	综合工	工日	135.00	1.80	1.00	1.20
材料	多功能上光清洁剂	盒	16.03	0.100	0.100	—
	脱脂棉	kg	28.74	0.020	0.020	—
机械	校验机械使用费	元	—	16.45	9.14	—

十、服务器系统软件

工作内容：技术准备、系统软件功能检测、调试。

单位：套

编　号				12-420	12-421	12-422
项　目				工作组级服务器	部门级服务器	企业级服务器
预算基价	总　　价(元)			**228.79**	**302.23**	**518.44**
	人　工　费(元)			202.50	270.00	472.50
	材　料　费(元)			12.58	13.95	13.95
	机　械　费(元)			13.71	18.28	31.99
组　成　内　容		单位	单价	数　　量		
人工	综合工	工日	135.00	1.50	2.00	3.50
材料	软盘 3.5″	片	2.60	4.000	4.000	4.000
	多功能上光清洁剂	盒	16.03	0.100	0.150	0.150
	脱脂棉	kg	28.74	0.020	0.040	0.040
机械	校验机械使用费	元	—	13.71	18.28	31.99

十一、网络调试及试运行

工作内容： 技术准备、子网调整、IP调整、域名设置、服务器分配、端口设置、指标测试。

单位：系统

	编　号			12-423	12-424	12-425
	项　目			网络调试		
				50个信息点以内	100个信息点以内	100个信息点以外 每增加10个信息点
预算基价	总　　价(元)			**2883.94**	**5766.73**	**288.85**
	人　工　费(元)			2700.00	5400.00	270.00
	材　料　费(元)			1.15	1.15	0.57
	机　械　费(元)			182.79	365.58	18.28
组　成　内　容		单位	单价	数　　　量		
人工	综合工	工日	135.00	20.00	40.00	2.00
材料	脱脂棉	kg	28.74	0.040	0.040	0.020
机械	校验机械使用费	元	—	182.79	365.58	18.28

工作内容：按规范要求,测试各项技术指标的稳定性、可靠性,提供文档资料等。　　　　　　　　　　　　　　　　　　　　　**单位**：系统

编　号				12-426	12-427	12-428	12-429
项　　目				系统试运行			
				200个信息点以内	500个信息点以内	800个信息点以内	800个信息点以外每增加100个信息点
预算基价	总　　价(元)			**13088.72**	**17452.21**	**21775.23**	**1458.98**
	人　工　费(元)			12150.00	16200.00	20250.00	1350.00
	材　料　费(元)			116.16	155.47	154.30	17.58
	机　械　费(元)			822.56	1096.74	1370.93	91.40
组 成 内 容		单位	单价	数　　量			
人工	综合工	工日	135.00	90.00	120.00	150.00	10.00
材料	软盘 3.5″	片	2.60	10.000	20.000	10.000	0.100
	光盘 5″	片	4.23	2.000	5.000	10.000	0.100
	打印纸 132行	包	61.44	0.010	0.020	0.080	0.100
	绘图纸 A3	包	78.79	1.000	1.000	1.000	0.100
	脱脂棉	kg	28.74	0.080	0.080	0.080	0.100
机械	校验机械使用费	元	—	822.56	1096.74	1370.93	91.40

十二、网管系统软件

工作内容： 技术准备、软件安装、软件功能检测、调试。

单位：套

编　号				12-430	12-431	12-432	12-433	12-434
项　目				软件	系统搜索	拓扑生成	流量监控	安全策略设置
预算基价	总　价(元)			**78.21**	**1441.40**	**288.28**	**433.03**	**721.31**
	人　工　费(元)			67.50	1350.00	270.00	405.00	675.00
	材　料　费(元)			6.14	—	—	0.61	0.61
	机　械　费(元)			4.57	91.40	18.28	27.42	45.70
组 成 内 容		单位	单价	数　量				
人工	综合工	工日	135.00	0.50	10.00	2.00	3.00	5.00
材料	打印纸 132行	包	61.44	0.100	—	—	0.010	0.010
机械	校验机械使用费	元	—	4.57	91.40	18.28	27.42	45.70

第五章　楼宇、小区多表远传系统

说　明

一、本章适用范围：楼宇、小区多表远传系统设备安装与调试。

二、本章各预算基价子目不包括设备的支架、支座制作,发生时执行本基价第二册《电气设备安装工程》DBD 29-302-2020 中的相应子目。

工程量计算规则

一、远传基表：依据名称、类别，按设计图示数量计算。

二、抄表采集系统设备：依据名称、类别、功能，按设计图示数量计算。

三、多表采集中央管理计算机：依据名称、功能，按设计图示数量计算。

一、远 程 基 表

工作内容：1.基表安装：开箱检查、切管、套丝、制垫、加垫、安装、接线、水压试验。2.控制设备安装：测量、定位、画线、切管、套丝、连接、固定、通水试压。

单位：个

编 号			12-435	12-436	12-437	12-438	12-439	12-440
项 目			远传基表				远传燃气表用电动阀	远传冷、热水用电动阀
			远传冷、热水表	远传脉冲电表	远传燃气表	远传冷、热量表	DN32以内	
预算基价	总　　　价(元)		**70.03**	**50.19**	**78.51**	**65.01**	**37.96**	**35.26**
	人　工　费(元)		67.50	47.25	74.25	60.75	31.05	28.35
	材　料　费(元)		2.53	2.94	4.26	4.26	6.91	6.91
组 成 内 容	单位	单价	数　　　量					
人工	综合工	工日	135.00	0.50	0.35	0.55	0.45	0.23	0.21
材料	聚四氟乙烯生料带 δ20	m	1.15	1.500	—	3.000	3.000	0.300	0.300
	棉纱	kg	16.11	0.050	0.050	0.050	0.050	0.050	0.050
	自攻螺钉 M10×(30～50)	个	0.20	—	4.08	—	—	—	—
	塑料膨胀管 M≤10	只	0.32	—	4.120	—	—	—	—
	黑玛钢活接头 DN32以内	个	5.76	—	—	—	—	1.000	1.000

二、抄表采集系统

工作内容：测位、画线、打眼、连接、固定安装、调试。

单位：台

	编　号			12-441	12-442	12-443	12-444	12-445	12-446
	项　目			电力载波抄表集中器	集中式远程总线抄表采集器	集中式远程总线抄表主机	分散式远程总线抄表采集器	分散式远程总线抄表主机	抄表控制箱
预算基价	总　　价(元)			**64.34**	**85.72**	**319.76**	**204.62**	**146.60**	**62.48**
	人　工　费(元)			47.25	67.50	283.50	175.50	121.50	40.50
	材　料　费(元)			17.09	18.22	36.26	29.12	25.10	21.98
	组成内容	单位	单价			数　　量			
人工	综合工	工日	135.00	0.35	0.50	2.10	1.30	0.90	0.30
材料	膨胀螺栓 M10	套	1.53	6.120	6.120	6.120	6.120	6.120	6.120
	镀锌精制六角带帽螺栓 M8×30	套	0.59	4.080	4.080	4.080	4.080	4.080	4.080
	热轧角钢 40×(3～4)	kg	3.76	1.200	1.500	6.300	4.400	3.330	2.500
	棉纱	kg	16.11	0.050	0.050	0.050	0.050	0.050	0.050

工作内容：测位、画线、打眼、连接、固定安装、调试。

单位：台

编　号			12-447	12-448	12-449	12-450	12-451	12-452
项　目			多表采集智能终端（含控制）	多表采集智能终端调试	读表器	通信接口卡	便携式抄收仪	分线器
预算基价	总　　价(元)		**73.71**	**217.02**	**32.04**	**163.02**	**27.00**	**17.57**
	人　工　费(元)		60.75	202.50	21.60	162.00	27.00	17.55
	材　料　费(元)		12.96	0.81	10.44	1.02	—	0.02
	机　械　费(元)		—	13.71	—	—	—	—
组　成　内　容	单位	单价	数　　量					
人工 综合工	工日	135.00	0.45	1.50	0.16	1.20	0.20	0.13
材料 膨胀螺栓 M10	套	1.53	4.080	—	4.080	—	—	—
镀锌精制六角带帽螺栓 M8×30	套	0.59	4.080	—	2.040	—	—	—
轻型万能角铁 30×1.5	kg	4.38	0.800	—	0.500	—	—	—
棉纱	kg	16.11	0.050	0.050	0.050	—	—	—
自攻螺钉 M6×25	个	0.10	—	—	—	4.080	—	0.200
打印纸 132行	包	61.44	—	—	—	0.010	—	—
机械 校验机械使用费	元	—	—	13.71	—	—	—	—

三、多表采集中央管理计算机

工作内容： 设备开箱检验、就位安装、跳线制作、连接、软件安装、调试。

编 号				12-453	12-454	12-455
项 目				中心管理系统		
				多表采集中央 管理计算机安装、调试 （台）	抄表数据管理软件系统联调 （台）	通信接口转换器 安装、调试 （个）
预算基价	总 价(元)			**478.64**	**813.07**	**40.91**
	人 工 费(元)			472.50	810.00	40.50
	材 料 费(元)			6.14	3.07	0.41
组 成 内 容		单位	单价	数 量		
人工	综合工	工日	135.00	3.50	6.00	0.30
材料	打印纸 132行	包	61.44	0.100	0.050	—
	自攻螺钉 M6×25	个	0.10	—	—	4.080

第六章　楼宇、小区自控系统

说　　明

一、本章适用范围：楼宇、小区内空调系统、照明及配电系统、给排水系统、控制网络通信系统的中央控制。

二、家居智能布线箱项目中的"网络设备"仅限于基本安装测试,不包括跳线或输入输出线缆接头制作和连接。

三、小区管理分系统调试及分系统试运行的规模按3000户计算,以此为基数,按比例类推。

四、住宅(小区)智能化设备按成套购置考虑。

工程量计算规则

一、中央管理系统：依据名称、控制点数量，按设计图示数量计算。楼宇自控系统调试与楼宇自控用户调试，依据控制点数量计算。

二、控制网络通信设备：依据名称、类别，按设计图示数量计算。

三、控制器：依据名称、类别、功能、控制点数量，按设计图示数量计算。

四、第三方设备通信接口：依据名称、类别，按设计图示数量计算。

五、空调系统传感器及变送器：依据名称、类型、功能，按设计图示数量计算。

六、照明及变配电系统传感器及变送器：依据名称、类型、功能，按设计图示数量计算。

七、给排水系统传感器及变送器：依据名称、类型、功能，按设计图示数量计算。

八、阀门及执行机构：依据名称、类型、规格、控制点数量，按设计图示数量计算。

九、住宅(小区)智能化设备：依据名称、类型、控制点数量，按设计图示数量计算。住宅(小区)智能系统调试，依据用户数量，按设计图示数量计算。

十、住宅(小区)智能化系统：依据名称、类型，按设计图示数量计算。

一、中央管理系统

工作内容：设备开箱检验、现场就位安装、连接、软件功能检测、调试、现场测量、记录、对比、调整。

编　号			12-456	12-457	12-458	12-459	12-460
项　目			中央站计算机（台）	楼宇自控系统调试			
				1000点以内（系统）	2000点以内（系统）	5000点以内（系统）	5000点以外（系统）
预算基价	总　　价(元)		**606.64**	**738.19**	**891.07**	**1473.30**	**1767.25**
	人　工　费(元)		540.00	675.00	810.00	1350.00	1620.00
	材　料　费(元)		66.64	17.49	26.23	31.90	37.58
	机　械　费(元)		—	45.70	54.84	91.40	109.67
组　成　内　容	单位	单价	数　　量				
人工 综合工	工日	135.00	4.00	5.00	6.00	10.00	12.00
材料 打印纸 132行	包	61.44	1.000	0.200	0.300	0.350	0.400
软盘 3.5″	片	2.60	2.000	2.000	3.000	4.000	5.000
机械 校验机械使用费	元	—	—	45.70	54.84	91.40	109.67

工作内容： 设备开箱检验、现场就位安装、连接、软件功能检测、调试、现场测量、记录。

单位：套

编 号			12-461	12-462	12-463	12-464	12-465
项 目			网卡	楼宇自控用户调试			
				1000点以内	2000点以内	5000点以内	5000点以外
预算基价	总 价(元)		**33.97**	**422.76**	**566.60**	**1115.71**	**1391.56**
	人 工 费(元)		33.75	405.00	540.00	1080.00	1350.00
	材 料 费(元)		0.22	17.49	26.23	34.98	40.65
	机 械 费(元)		—	0.27	0.37	0.73	0.91
组 成 内 容	单位	单价	数 量				
人工	综合工	工日	135.00	0.25	3.00	4.00	8.00	10.00
材料	自攻螺钉 M6×30	个	0.11	2.040	—	—	—	—
	打印纸 132行	包	61.44	—	0.200	0.300	0.400	0.450
	软盘 3.5″	片	2.60	—	2.000	3.000	4.000	5.000
机械	校验机械使用费	元	—	—	0.27	0.37	0.73	0.91

二、控制网络通信设备

工作内容：设备开箱检验、现场就位、固定安装、连接、软件功能检测、调试、设备绝缘测试及外壳接地。

编 号			12-466	12-467	12-468	12-469	12-470
项 目			控制网路由器 （台）	终端电阻 （个）	干线连接器 （台）	干线隔离、扩充器 （台）	控制网中继器 （台）
预算基价	总　　价(元)		**307.50**	**14.41**	**72.07**	**92.72**	**228.47**
	人　工　费(元)		283.50	13.50	67.50	81.00	202.50
	材　料　费(元)		4.81	—	—	6.24	12.26
	机　械　费(元)		19.19	0.91	4.57	5.48	13.71
组 成 内 容	单位	单价	数　　　　量				
人工 综合工	工日	135.00	2.10	0.10	0.50	0.60	1.50
材料 镀锌精制六角带帽螺栓 M8×75	套	0.59	8.160	—	—	—	10.200
膨胀螺栓 M10	套	1.53	—	—	—	4.080	4.080
机械 校验机械使用费	元	—	19.19	0.91	4.57	5.48	13.71

145

工作内容：设备开箱检验、现场就位、固定安装、连接、软件功能检测、调试。

单位：台

编　号			12-471	12-472	12-473	12-474	12-475	12-476
项　目			通信接口机	通信电源	计算机通信接口卡	调制解调器接口卡	控制网分支器	控制网适配器
预算基价	总　价(元)		**72.88**	**36.84**	**15.22**	**15.22**	**14.31**	**68.31**
	人　工　费(元)		67.50	33.75	13.50	13.50	13.50	67.50
	材　料　费(元)		0.81	0.81	0.81	0.81	0.81	0.81
	机　械　费(元)		4.57	2.28	0.91	0.91	—	—
组　成　内　容	单位	单价	数　量					
人工	综合工	工日	135.00	0.50	0.25	0.10	0.10	0.10	0.50
材料	棉纱	kg	16.11	0.050	0.050	0.050	0.050	0.050	0.050
机械	校验机械使用费	元	—	4.57	2.28	0.91	0.91	—	—

三、控 制 器

工作内容：1.控制器（DDC）安装及接线：设备开箱检验、现场就位、固定安装、连接、调试。2.控制器（DDC）用户软件功能检测、调试及远端模块：设备开箱检验、现场就位、固定安装、连接、软件功能检测、调试。

单位：台

编　　号			12-477	12-478	12-479	12-480	12-481	12-482	12-483	12-484
项　　目			控制器（DDC）安装及接线			控制器（DDC）用户软件功能检测、调试			远端模块	
			点以内							
			24	40	60	24	40	60	12	24
预算基价	总　　价(元)		**173.95**	**217.52**	**296.48**	**864.84**	**1153.12**	**1441.40**	**576.56**	**864.84**
	人 工 费(元)		162.00	202.50	270.00	810.00	1080.00	1350.00	540.00	810.00
	材 料 费(元)		0.98	1.31	8.20	—	—	—	—	—
	机 械 费(元)		10.97	13.71	18.28	54.84	73.12	91.40	36.56	54.84
组成内容	单位	单价	数　　量							
人工　综合工	工日	135.00	1.20	1.50	2.00	6.00	8.00	10.00	4.00	6.00
材料　自攻螺钉 M6×45	个	0.16	6.120	8.160	12.240	—	—	—	—	—
膨胀螺栓 M10	套	1.53	—	—	4.080	—	—	—	—	—
机械　校验机械使用费	元	—	10.97	13.71	18.28	54.84	73.12	91.40	36.56	54.84

工作内容： 开箱、检验、搬运、画线、定位、安装、接线、通电测试。

单位：台

编　号			12-485	12-486	12-487	12-488	12-489	12-490	12-491	12-492	12-493
项　目			独立控制器	压差控制器	温度控制器	变风量控制器	气动输出模块	风机盘管温控器	房间空气压力控制器		手操器
									电子输出	气动输出	
预算基价	总　　价(元)		**156.72**	**127.89**	**57.50**	**57.50**	**30.25**	**51.87**	**189.95**	**137.57**	**17.50**
	人　工　费(元)		135.00	108.00	47.25	47.25	27.00	47.25	175.50	135.00	16.20
	材　料　费(元)		12.58	12.58	7.05	7.05	1.42	1.42	2.57	2.57	1.30
	机　械　费(元)		9.14	7.31	3.20	3.20	1.83	3.20	11.88	—	—
组　成　内　容	单位	单价	数　　量								
人工	综合工	工日	135.00	1.00	0.80	0.35	0.35	0.20	0.35	1.30	1.00	0.12
材料	膨胀螺栓 M10	套	1.53	6.120	6.120	4.080	4.080	—	—	—	—	—
	镀锌精制六角带帽螺栓 M8×30	套	0.59	4.080	4.080	—	—	—	—	—	—	—
	棉纱	kg	16.11	0.050	0.050	0.050	0.050	0.050	0.050	0.050	0.050	0.050
	自攻螺钉 M6×35	个	0.12	—	—	—	—	—	—	4.08	4.08	4.08
	自攻螺钉 M6×40	个	0.15	—	—	—	—	4.080	4.080	—	—	—
	塑料膨胀管 M6×35	只	0.31	—	—	—	—	—	—	4.12	4.12	—
机械	校验机械使用费	元	—	9.14	7.31	3.20	3.20	1.83	3.20	11.88	—	—

148

四、第三方设备通信接口

工作内容： 开箱、检验、固定安装、接线、通电调试。 单位：个

编　号			12-494	12-495	12-496	12-497	12-498	12-499
项　目			电梯接口			冷水机组接口		
			点以内					
			20	50	80	20	50	80
预算基价	总　价(元)		**596.53**	**914.44**	**1222.69**	**596.53**	**921.64**	**1222.69**
	人 工 费(元)		540.00	810.00	1080.00	540.00	816.75	1080.00
	材 料 费(元)		19.97	49.60	69.57	19.97	49.60	69.57
	机 械 费(元)		36.56	54.84	73.12	36.56	55.29	73.12
组 成 内 容	单位	单价	数　　量					
人工 综合工	工日	135.00	4.00	6.00	8.00	4.00	6.05	8.00
材料 镀锌螺钉 M6×25	个	0.20	40.800	102.000	142.800	40.800	102.000	142.800
标签纸 50页	本	14.36	0.800	2.000	2.800	0.800	2.000	2.800
棉纱	kg	16.11	0.020	0.030	0.050	0.020	0.030	0.050
机械 校验机械使用费	元	—	36.56	54.84	73.12	36.56	55.29	73.12

工作内容: 1.智能配电设备接口、柴油发电机组接口安装:开箱、检验、固定安装、接线、通电调试。2.门禁系统接口安装:开箱、检验、固定安装、接线、单体调试、联网调试。

单位:个

编 号				12-500	12-501	12-502	12-503	12-504	12-505	12-506
项 目				智能配电设备接口			柴油发电机组接口			门禁系统接口
				点以内						
				20	50	80	20	50	80	
预算基价	总 价(元)			**588.37**	**894.04**	**1194.13**	**588.37**	**894.04**	**1194.13**	**877.13**
	人 工 费(元)			540.00	810.00	1080.00	540.00	810.00	1080.00	810.00
	材 料 费(元)			11.81	29.20	41.01	11.81	29.20	41.01	12.29
	机 械 费(元)			36.56	54.84	73.12	36.56	54.84	73.12	54.84
组 成 内 容		单位	单价	数 量						
人工	综合工	工日	135.00	4.00	6.00	8.00	4.00	6.00	8.00	6.00
材料	标签纸 50页	本	14.36	0.800	2.000	2.800	0.800	2.000	2.800	0.800
	棉纱	kg	16.11	0.020	0.030	0.050	0.020	0.030	0.050	0.050
机械	校验机械使用费	元	—	36.56	54.84	73.12	36.56	54.84	73.12	54.84

150

五、空调系统传感器及变送器

工作内容：开箱、清点、检验、开孔、安装、接线、调整、测试。

单位：支

编 号			12-507	12-508	12-509	12-510	12-511	12-512	12-513	12-514	12-515
项 目			温度、湿度传感器								
			风管式温度传感器	风管式湿度传感器	风管式温度、湿度传感器	室内壁挂式温度传感器	室内壁挂式湿度传感器	室内壁挂式温度、湿度传感器	室外壁挂式温度传感器	室外壁挂式湿度传感器	室外壁挂式温度、湿度传感器
预算基价	总 价(元)		**34.25**	**34.25**	**44.45**	**31.85**	**31.85**	**31.85**	**103.92**	**103.92**	**118.33**
	人 工 费(元)		31.05	31.05	40.50	27.00	27.00	27.00	94.50	94.50	108.00
	材 料 费(元)		1.10	1.10	1.21	3.02	3.02	3.02	3.02	3.02	3.02
	机 械 费(元)		2.10	2.10	2.74	1.83	1.83	1.83	6.40	6.40	7.31
组 成 内 容	单位	单价	数 量								
人工 综合工	工日	135.00	0.23	0.23	0.30	0.20	0.20	0.20	0.70	0.70	0.80
材料 U形镀锌固定条 DN32以内	个	—	(2.00)	(2.00)	(3.00)	—	—	—	—	—	—
外罩	个	—	—	—	—	—	—	—	(1.00)	(1.00)	(1.00)
聚四氟乙烯生料带 δ20	m	1.15	0.250	0.250	0.350	—	—	—	—	—	—
铝铆钉 φ4.5	只	0.04	0.080	0.080	0.100	—	—	—	—	—	—
棉纱	kg	16.11	0.050	0.050	0.050	0.050	0.050	0.050	0.050	0.050	0.050
自攻螺钉 M6×45	个	0.16	—	—	—	4.080	4.080	4.080	4.080	4.080	4.080
塑料膨胀管 M6×45	只	0.38	—	—	—	4.120	4.120	4.120	4.120	4.120	4.120
机械 校验机械使用费	元	—	2.10	2.10	2.74	1.83	1.83	1.83	6.40	6.40	7.31

工作内容：开箱、清点、检验、开孔、安装、接线、调整、测试。

单位：支

编　　　号			12-516	12-517	12-518	12-519	12-520	12-521
项　　　目			温度、湿度传感器			压力传感器		
			浸入式温度传感器			空气压差开关	静压、压差变送器	风管式静压变送器
			普通型	本安型	隔爆型			
预算基价	总　　　价(元)		**79.03**	**107.86**	**122.27**	**75.85**	**54.23**	**61.44**
	人　工　费(元)		67.50	94.50	108.00	67.50	47.25	54.00
	材　料　费(元)		6.96	6.96	6.96	3.78	3.78	3.78
	机　械　费(元)		4.57	6.40	7.31	4.57	3.20	3.66
组　成　内　容	单位	单价	数　　　量					
人工 综合工	工日	135.00	0.50	0.70	0.80	0.50	0.35	0.40
材料 镀锌活接头 DN20	个	3.37	1.010	1.010	1.010	—	—	—
乙炔气	m³	16.13	0.110	0.110	0.110	0.110	0.110	0.110
氧气	m³	2.88	0.340	0.340	0.340	0.340	0.340	0.340
棉纱	kg	16.11	0.050	0.050	0.050	0.050	0.050	0.050
自攻螺钉 M6×30	个	0.11	—	—	—	2.040	2.040	2.040
机械 校验机械使用费	元	—	4.57	6.40	7.31	4.57	3.20	3.66

工作内容： 1.空气质量传感器及烟感探测器安装：开箱、检查、开孔、画线、固定安装、接线、密封、测试。2.气体、风速传感器：开箱、检查、画线、定位、安装、接线、接地测试。

单位：支

编　号				12-522	12-523	12-524	12-525	12-526	12-527	12-528
项　目				其他传感器						
				风道式空气质量传感器	室内壁挂式空气质量传感器	风道式烟感探测器	风道式气体探测器	室内壁挂式气体传感器	防霜冻开关	风速传感器
预算基价	总　　价(元)			**75.50**	**24.47**	**75.50**	**75.50**	**24.64**	**24.64**	**25.75**
	人　工　费(元)			67.50	20.25	67.50	67.50	20.25	20.25	20.25
	材　料　费(元)			3.43	2.85	3.43	3.43	3.02	3.02	4.13
	机　械　费(元)			4.57	1.37	4.57	4.57	1.37	1.37	1.37
组　成　内　容		单位	单价	数　　量						
人工	综合工	工日	135.00	0.50	0.15	0.50	0.50	0.15	0.15	0.15
材料	自攻螺钉 M6×35	个	0.12	4.08	4.08	4.08	4.08	—	—	—
	自攻螺钉 M6×45	个	0.16	—	—	—	—	4.08	4.08	6.12
	铝铆钉 φ4×32	只	0.07	8.320	—	8.320	8.320	—	—	—
	塑料膨胀管 M6×45	只	0.38	4.08	4.08	4.08	4.08	4.12	4.12	6.18
	棉纱	kg	16.11	0.050	0.050	0.050	0.050	0.050	0.050	0.050
机械	校验机械使用费	元	—	4.57	1.37	4.57	4.57	1.37	1.37	1.37

六、照明及变配电系统传感器及变送器

工作内容: 开箱、检验、固定安装、接线、通电调试。

单位:支

编　号			12-529	12-530	12-531	12-532	12-533	12-534
项　目			电量变送器					
			电流变送器	电压变送器	有功功率变送器	无功功率变送器	有功功率、无功功率变送器	功率因数变送器
预算基价	总　　价(元)		**159.65**	**159.65**	**130.82**	**130.82**	**145.24**	**130.82**
	人　工　费(元)		135.00	135.00	108.00	108.00	121.50	108.00
	材　料　费(元)		15.51	15.51	15.51	15.51	15.51	15.51
	机　械　费(元)		9.14	9.14	7.31	7.31	8.23	7.31
组　成　内　容	单位	单价	数　　量					
人工	综合工	工日	135.00	1.00	1.00	0.80	0.80	0.90	0.80
材料	线号套管	m	1.12	10.500	10.500	10.500	10.500	10.500	10.500
	自攻螺钉 M6×35	个	0.12	12.240	12.240	12.240	12.240	12.240	12.240
	尼龙扎带 $L100\sim150$	根	0.37	4.000	4.000	4.000	4.000	4.000	4.000
	棉纱	kg	16.11	0.050	0.050	0.050	0.050	0.050	0.050
机械	校验机械使用费	元	—	9.14	9.14	7.31	7.31	8.23	7.31

154

工作内容： 开箱、检验、固定安装、接线、通电调试。 单位：支

编　号				12-535	12-536	12-537	12-538	12-539
项　目				电量变送器				
				相位角变送器	有功电度 变送器	无功电度 变送器	频率变送器	电压、频率 变送器
预算基价	总　　价(元)			**130.82**	**130.82**	**130.82**	**130.82**	**145.24**
	人 工 费(元)			108.00	108.00	108.00	108.00	121.50
	材 料 费(元)			15.51	15.51	15.51	15.51	15.51
	机 械 费(元)			7.31	7.31	7.31	7.31	8.23
组 成 内 容		单位	单价	数　　量				
人工	综合工	工日	135.00	0.80	0.80	0.80	0.80	0.90
材料	线号套管	m	1.12	10.500	10.500	10.500	10.500	10.500
	自攻螺钉 M6×35	个	0.12	12.240	12.240	12.240	12.240	12.240
	尼龙扎带 $L100\sim150$	根	0.37	4.000	4.000	4.000	4.000	4.000
	棉纱	kg	16.11	0.050	0.050	0.050	0.050	0.050
机械	校验机械使用费	元	—	7.31	7.31	7.31	7.31	8.23

七、给排水系统传感器及变送器

工作内容：开箱、清点、检验、开孔、安装、接线、调整、测试。

单位：支

编　号				12-540	12-541	12-542
项　目				压力传感器		
				水道压力传感器	水道压差传感器	液体流量开关
预算基价	总　　　价(元)			**57.41**	**104.06**	**47.69**
	人　工　费(元)			47.25	87.75	40.50
	材　料　费(元)			6.96	10.37	7.19
	机　械　费(元)			3.20	5.94	—
组 成 内 容		单位	单价	数　　　量		
人工	综合工	工日	135.00	0.35	0.65	0.30
材料	镀锌活接头 *DN*20	个	3.37	1.010	2.020	1.010
	乙炔气	m³	16.13	0.110	0.110	0.110
	氧气	m³	2.88	0.340	0.340	0.340
	棉纱	kg	16.11	0.050	0.050	0.050
	自攻螺钉 M6×30	个	0.11	—	—	2.040
机械	校验机械使用费	元	—	3.20	5.94	—

工作内容： 1.液位开关安装：开箱、检查、画线、定位、安装、接线、接地测试。2.静压液位变送器、液位计安装：开箱、检查、装配、现场二次搬运、画线、固定、安装、接线、测试。

单位：支

编　号				12-543	12-544	12-545	12-546	12-547	12-548	12-549
项　目				其他传感器及变送器						
				液位开关	静压液位变送器			液位计		
					普通型	本安型	隔爆型	普通型	本安型	隔爆型
预算基价	总　　价(元)			**40.16**	**121.39**	**128.60**	**128.60**	**121.39**	**128.60**	**128.60**
	人　工　费(元)			33.75	101.25	108.00	108.00	101.25	108.00	108.00
	材　料　费(元)			4.13	13.29	13.29	13.29	13.29	13.29	13.29
	机　械　费(元)			2.28	6.85	7.31	7.31	6.85	7.31	7.31
组 成 内 容		单位	单价	数　　量						
人工	综合工	工日	135.00	0.25	0.75	0.80	0.80	0.75	0.80	0.80
材料	自攻螺钉 M6×45	个	0.16	6.12	—	—	—	—	—	—
	塑料膨胀管 M6×45	只	0.38	6.18	—	—	—	—	—	—
	棉纱	kg	16.11	0.050	0.050	0.050	0.050	0.050	0.050	0.050
	膨胀螺栓 M10	套	1.53	—	8.160	8.160	8.160	8.160	8.160	8.160
机械	校验机械使用费	元	—	2.28	6.85	7.31	7.31	6.85	7.31	7.31

工作内容： 开箱、检查、搬运、画线、定位、固定、安装、接线、测试。

编　号				12-550	12-551	12-552	12-553	12-554	12-555
项　目				其他传感器及变送器					
				流量计					光照度传感器（支）
				电磁流量计（台）	涡街流量计（台）	超声波流量计（台）	弯管流量计（台）	转子流量计（台）	
预算基价	总　　价（元）			**260.23**	**267.44**	**289.06**	**289.06**	**289.06**	**434.21**
	人　工　费（元）			243.00	249.75	270.00	270.00	270.00	405.00
	材　料　费（元）			0.78	0.78	0.78	0.78	0.78	1.79
	机　械　费（元）			16.45	16.91	18.28	18.28	18.28	27.42
组 成 内 容		单位	单价	数　　量					
人工	综合工	工日	135.00	1.80	1.85	2.00	2.00	2.00	3.00
材料	聚四氟乙烯生料带 δ20	m	1.15	0.400	0.400	0.400	0.400	0.400	—
	棉纱	kg	16.11	0.020	0.020	0.020	0.020	0.020	0.020
	自攻螺钉 M8×35	个	0.18	—	—	—	—	—	8.16
机械	校验机械使用费	元	—	16.45	16.91	18.28	18.28	18.28	27.42

158

八、阀门及执行机构

工作内容：开箱、检查、搬运、法兰焊接、制垫、固定安装、接线、水压试验、测试。

单位：个

编　号			12-556	12-557	12-558	12-559	12-560	12-561	12-562	12-563	12-564	12-565
项　目			电动二通调节阀及执行机构			电动三通调节阀及执行机构			电动蝶阀及执行机构			电动风阀执行机构
			公称直径（mm以内）									
			50	100	200	50	100	200	100	250	400	
预算基价	总　　价（元）		**301.70**	**704.40**	**1080.23**	**370.68**	**827.49**	**1325.04**	**653.66**	**1423.20**	**2515.30**	**240.04**
	人　工　费（元）		195.75	492.75	654.75	222.75	533.25	708.75	472.50	850.50	1080.00	202.50
	材　料　费（元）		80.63	160.18	363.04	120.78	240.03	544.16	148.57	514.52	1360.97	23.83
	机　械　费（元）		25.32	51.47	62.44	27.15	54.21	72.13	32.59	58.18	74.33	13.71
组成内容		单位	单价	数　　量								
人工	综合工	工日	135.00	1.45	3.65	4.85	1.65	3.95	5.25	3.50	6.30	8.00	1.50
材料	双头带母螺栓 M20×65	套	1.45	8.160	12.240	12.240	12.240	18.360	18.360	8.160	16.320	16.320	16.320
	电焊条 E4303	kg	7.59	0.700	1.200	1.500	1.050	1.800	2.250	0.450	0.600	0.750	—
	棉纱	kg	16.11	0.020	0.030	0.050	0.020	0.030	0.050	0.030	0.060	0.090	0.010
	碳钢法兰 0.6MPa DN50	副	31.58	2.000	—	—	3.000	—	—	—	—	—	—
	碳钢法兰 0.6MPa DN100	副	66.42	—	2.000	—	—	3.000	—	2.000	—	—	—
	碳钢法兰 0.6MPa DN200	副	166.55	—	—	2.000	—	—	3.000	—	—	—	—
	碳钢法兰 0.6MPa DN250	副	242.67	—	—	—	—	—	—	—	2.000	—	—
	碳钢法兰 0.6MPa DN400	副	665.08	—	—	—	—	—	—	—	—	2.000	—
机械	交流弧焊机 21kV·A	台班	60.37	0.20	0.30	0.30	0.20	0.30	0.40	0.01	0.01	0.02	—
	校验机械使用费	元	—	13.25	33.36	44.33	15.08	36.10	47.98	31.99	57.58	73.12	13.71

工作内容： 1.两通电动阀、水泵、风机启动柜楼控接点接线：开箱、检查、搬运、套丝、连接、接线、水压试验、绝缘测试、性能测试。2.变压器温度
接线：开箱、检测、搬运、固定安装、接线、接地、测试。

单位：个

编 号			12-566	12-567	12-568	12-569	12-570	12-571	12-572
项 目			两通电动阀		水泵、风机启动柜楼控接点接线				变压器温度接线
			公称直径（mm以内）		点以内				
			20	25	5	10	20	35	
预算基价	总 价（元）		**40.32**	**48.99**	**72.23**	**144.46**	**288.76**	**433.06**	**15.95**
	人 工 费（元）		33.75	40.50	67.50	135.00	270.00	405.00	13.50
	材 料 费（元）		4.29	5.75	0.16	0.32	0.48	0.64	1.54
	机 械 费（元）		2.28	2.74	4.57	9.14	18.28	27.42	0.91
组 成 内 容		单位	单价		数 量				
人工	综合工	工日	135.00	0.25	0.30	0.50	1.00	2.00	3.00	0.10
材料	镀锌活接头 DN20	个	3.37	1.000	—	—	—	—	—	—
	镀锌活接头 DN25	个	4.71	—	1.000	—	—	—	—	—
	聚四氟乙烯生料带 δ20	m	1.15	0.100	0.200	—	—	—	—	—
	棉纱	kg	16.11	0.050	0.050	0.010	0.020	0.030	0.040	0.050
	自攻螺钉 M8×35	个	0.18	—	—	—	—	—	—	4.080
机械	校验机械使用费	元	—	2.28	2.74	4.57	9.14	18.28	27.42	0.91

九、住宅（小区）智能化设备

工作内容： 开箱清点、搬运、检查基础、画线、定位、安装、接线、调整、性能试验。

单位：台

编　号			12-573	12-574	12-575	12-576	12-577	12-578	12-579	12-580	12-581
项　目			家居智能控制器安装			可视对讲户内机安装	可视对讲户外机安装	家居智能控制箱安装			
			家居报警控制装置	家居三表计量与远程传输装置	家居电器监控装置（8点以内）			明装	暗装	箱内智能控制器	扩展器
预算基价	总　　价（元）		**367.36**	**511.50**	**292.96**	**156.07**	**220.13**	**57.05**	**68.31**	**117.42**	**66.69**
	人　工　费（元）		337.50	472.50	270.00	135.00	202.50	54.00	67.50	108.00	54.00
	材　料　费（元）		7.01	7.01	4.68	11.93	3.92	3.05	0.81	2.11	9.03
	机　械　费（元）		22.85	31.99	18.28	9.14	13.71	—	—	7.31	3.66
组　成　内　容	单位	单价	数　量								
人工	综合工	工日	135.00	2.50	3.50	2.00	1.00	1.50	0.40	0.50	0.80	0.40
材料	膨胀螺栓 M5	套	0.38	16.32	16.32	10.20	10.20	8.20	—	—	—	—
	膨胀螺栓 M8	套	0.55	—	—	—	—	—	4.080	—	—	—
	棉纱	kg	16.11	0.050	0.050	0.050	0.500	0.050	0.050	0.050	0.050	0.500
	自攻螺钉 M6×45	个	0.16	—	—	—	—	—	—	—	8.160	6.120
机械	校验机械使用费	元	—	22.85	31.99	18.28	9.14	13.71	—	—	7.31	3.66

161

工作内容：开箱清点、搬运、检查基础、画线、定位、安装、接线、调整、性能试验。

编　号			12-582	12-583	12-584	12-585	12-586	12-587
项　目			家居智能布线箱安装				家居控制管理中心设备安装	
			明装 （台）	暗装 （台）	箱内配线架 （套）	网络设备 （台）	管理机 （台）	管理软件 （套）
预算基价	总　　　　价（元）		**58.26**	**69.52**	**14.96**	**55.46**	**361.16**	**405.00**
	人　工　费（元）		54.00	67.50	13.50	54.00	337.50	405.00
	材　料　费（元）		4.26	2.02	1.46	1.46	0.81	—
	机　械　费（元）		—	—	—	—	22.85	—
组　成　内　容	单位	单价	数　　　　量					
人工　综合工	工日	135.00	0.40	0.50	0.10	0.40	2.50	3.00
材料　膨胀螺栓 M8	套	0.55	4.080	—	—	—	—	—
塑料护口 15～20	个	0.20	6.06	6.06	—	—	—	—
棉纱	kg	16.11	0.050	0.050	0.050	0.050	0.050	—
自攻螺钉 M6×45	个	0.16	—	—	4.080	4.080	—	—
机械　校验机械使用费	元	—	—	—	—	—	22.85	—

162

工作内容：软件安装设置、调试、线缆整理、编号、设备加固、标号。

单位：台

编　号				12-588	12-589	12-590	12-591	12-592
项　　目				家居智能化系统设备调试				
				住宅安防系统	三表计量与 远程传输系统	电器监控系统	可视对讲 户内机	可视对讲 户外机
				6点以内		8点以内		
预算基价	总　　价(元)			**361.16**	**289.09**	**433.23**	**72.88**	**58.47**
	人　工　费(元)			337.50	270.00	405.00	67.50	54.00
	材　料　费(元)			0.81	0.81	0.81	0.81	0.81
	机　械　费(元)			22.85	18.28	27.42	4.57	3.66
组 成 内 容		单位	单价	数　　量				
人工	综合工	工日	135.00	2.50	2.00	3.00	0.50	0.40
材料	棉纱	kg	16.11	0.050	0.050	0.050	0.050	0.050
机械	校验机械使用费	元	—	22.85	18.28	27.42	4.57	3.66

工作内容:开箱清点、搬运、检查基础、画线、定位、安装、接线、调整、性能试验。

单位:台

编 号				12-593	12-594	12-595	12-596
项 目				小区智能化系统设备调试			
				小区安防控制系统设备	小区建筑设备自控系统设备	小区物业管理系统设备	可视对讲信息网络设备
预算基价	总 价(元)			**8649.98**	**8649.98**	**5767.19**	**11532.77**
	人 工 费(元)			8100.00	8100.00	5400.00	10800.00
	材 料 费(元)			1.61	1.61	1.61	1.61
	机 械 费(元)			548.37	548.37	365.58	731.16
组 成 内 容		单位	单价	数 量			
人工	综合工	工日	135.00	60.00	60.00	40.00	80.00
材料	棉纱	kg	16.11	0.100	0.100	0.100	0.100
机械	校验机械使用费	元	—	548.37	548.37	365.58	731.16

工作内容：软件安装设置、功能调试。

编　　　　号				12-597	12-598	12-599	12-600
项　　目				小区家居智能系统调试			
				1000户以内 （台）	3000户以内 （台）	5000户以内 （台）	5000户以外 每增加1000户 （系统）
预算基价		总　　　价(元)		**15.86**	**20.18**	**25.95**	**14413.95**
		人　工　费(元)		14.85	18.90	24.30	13500.00
		机　械　费(元)		1.01	1.28	1.65	913.95
组 成 内 容		单位	单价	数　　　量			
人工	综合工	工日	135.00	0.11	0.14	0.18	100.00
机械	校验机械使用费	元	—	1.01	1.28	1.65	913.95

十、住宅(小区)智能化系统

工作内容： 按规范要求,测试各项技术指标的稳定性、可靠性。

编　号				12-601	12-602	12-603	12-604
项　目				小区智能化试运行			
				小区安防控制系统	小区建筑设备自控系统	小区物业管理系统	可视对讲信息网络系统
预算基价	总　价(元)			**6492.42**	**6492.42**	**4330.33**	**12984.85**
	人　工　费(元)			6075.00	6075.00	4050.00	12150.00
	材　料　费(元)			6.14	6.14	6.14	12.29
	机　械　费(元)			411.28	411.28	274.19	822.56
组　成　内　容		单位	单价	数　量			
人工	综合工	工日	135.00	45.00	45.00	30.00	90.00
材料	打印纸 132行	包	61.44	0.100	0.100	0.100	0.200
机械	校验机械使用费	元	—	411.28	411.28	274.19	822.56

166

第七章　有线电视系统

说　明

一、本章适用范围：楼宇、小区内卫星电视系统、有线广播电视系统、闭路电视系统的安装调试工程。

二、本章天线在楼顶铁塔上吊装，按照楼顶距地面20m以内考虑。

三、共用天线按成套供应考虑。

工程量计算规则

一、电视共用天线：依据名称、型号，按设计图示数量计算。天线杆基础与天线杆安装，按设计图示数量计算。电视设备箱安装，按设计图示数量计算。

二、前端机柜：依据名称，按设计图示数量计算。

三、电视墙：依据名称、监视器数量，按设计图示数量计算。

四、前端射频设备：依据名称、类型、频道数量，按设计图示数量计算。

五、卫星地面站接收设备：依据名称、类型，按设计图示数量计算。

六、光端设备：依据名称、类别、类型，按设计图示数量计算。

七、有线电视系统管理设备：依据名称、类别，按设计图示数量计算。

八、播控设备：依据名称、功能、规格，按设计图示数量计算。

九、传输网络设备：依据名称、功能、安装位置，按设计图示数量计算。

十、分配网络设备：依据名称、功能、安装形式，按设计图示数量计算。用户终端调试，按设计图示数量计算。

十一、射频传输电缆：依据名称、规格、安装环境、安装方式，依设计图示尺寸按长度计算。射频传输电缆接头制作，按设计图示数量计算。

十二、卫星天线：依据规格、安装方式，按设计图示数量计算。

一、电视共用天线

工作内容： 检查天线杆基础、安装电视设备箱、天线杆、天线、清理现场。

编　号			12-605	12-606	12-607	12-608	12-609
项　目			电视设备箱	天线杆基础安装	天线杆安装	天线安装	
			（台）	（套）	（套）	1～12频道（副）	13～57频道（副）
预算基价	总　价(元)		**243.00**	**135.00**	**681.70**	**128.25**	**128.25**
	人工费(元)		243.00	135.00	607.50	128.25	128.25
	材料费(元)		－	－	74.20	－	－
组 成 内 容	单位	单价	数　量				
人工 综合工	工日	135.00	1.80	1.00	4.50	0.95	0.95
材料 镀锌钢绞线	kg	6.31	－	－	4.080	－	－
钢线卡子 D6	个	2.92	－	－	12.120	－	－
镀锌带母螺栓 7″/8以内	套	0.67	－	－	7.14	－	－
地脚螺栓 M14×（120～230）	套	2.03	－	－	4.08	－	－

二、前 端 机 柜

工作内容：开箱清理、搬运、组装机柜,机柜就位、固定,接机柜电源线,制作、安装地线,清理施工现场。　　　　　　　　　　　　单位：个

编　号					12-610
项　目					前端机柜(卫星接收机机柜)安装
					1.6～2.0m
预算基价	总　价(元)				**336.19**
	人 工 费(元)				324.00
	材 料 费(元)				12.19
组 成 内 容		单位	单价		数　量
人工	综合工	工日	135.00		2.40
材料	地脚螺栓 M10×25	套	0.67		1.02
	地脚螺栓 M14×(120～230)	套	2.03		4.08
	棉纱	kg	16.11		0.200

三、电 视 墙

工作内容： 开箱检查,机架组装、就位、固定,安装机架电源,安装机架电视信号分配系统、监视器,机架接地。

单位：套

编　号				12-611	12-612
项　目				带抽屉电视墙安装	
				监视器	
				12台以内	24台以内
预算基价	总　价(元)			**1094.72**	**2457.14**
	人　工　费(元)			1080.00	2430.00
	材　料　费(元)			14.72	27.14
组　成　内　容		单位	单价	数　量	
人工	综合工	工日	135.00	8.00	18.00
材料	地脚螺栓 M10×25	套	0.67	1.02	1.02
	地脚螺栓 M14×(120～230)	套	2.03	6.12	12.24
	棉纱	kg	16.11	0.100	0.100

四、前端射频设备

工作内容：搬运、开箱清点、通电检查、就位、制作接头、对线标记、扎线、清理施工现场。调试各频道输入RF电平幅度、调试各频道的输出幅度及射频参数,填写调试报告。

单位：套

编　号				12-613	12-614	12-615	12-616	12-617	12-618
项　目				全频道前端		邻频前端		挂式邻频前端	
				10个频道	每增加1个频道	12个频道	每增加1个频道	12个频道	每增加1个频道
预算基价	总　　价(元)			**361.16**	**36.84**	**352.32**	**38.50**	**366.73**	**38.50**
	人　工　费(元)			337.50	33.75	310.50	33.75	324.00	33.75
	材　料　费(元)			0.81	0.81	20.80	2.47	20.80	2.47
	机　械　费(元)			22.85	2.28	21.02	2.28	21.93	2.28
组 成 内 容		单位	单价	数　量					
人工	综合工	工日	135.00	2.50	0.25	2.30	0.25	2.40	0.25
材料	棉纱	kg	16.11	0.050	0.050	0.050	0.050	0.050	0.050
	扎线卡	个	0.55	—	—	36.360	3.030	36.360	3.030
机械	校验机械使用费	元	—	22.85	2.28	21.02	2.28	21.93	2.28

五、卫星地面接收设备

工作内容： 搬运、开箱、通电检查、清点设备、调试、安装固定、接线、通电、调试记录、标记、扎线、清理施工现场。

单位：台

编 号			12-619	12-620	12-621	12-622	12-623
项 目			接收机	解码器(解压器)	数字信号转换器	制式转换器	功分器
预算基价	总 价(元)		**101.71**	**116.12**	**108.91**	**80.09**	**29.64**
	人 工 费(元)		94.50	108.00	101.25	74.25	27.00
	材 料 费(元)		0.81	0.81	0.81	0.81	0.81
	机 械 费(元)		6.40	7.31	6.85	5.03	1.83
组 成 内 容	单位	单价	数 量				
人工 综合工	工日	135.00	0.70	0.80	0.75	0.55	0.20
材料 棉纱	kg	16.11	0.050	0.050	0.050	0.050	0.050
机械 校验机械使用费	元	—	6.40	7.31	6.85	5.03	1.83

六、光 端 设 备

工作内容: 搬运、开箱检查,安装固定、熔接光缆光纤,制作射频接头、接线,调测记录,整理调测记录,填写调测报告。

编 号				12-624	12-625	12-626	12-627	12-628	12-629	12-630
项 目				光系统前端设备安装						调试 (套)
				模拟光发射机		FM光发射机 (台)	数字光发射机 (台)	反向光接收机 (台)	终端盒 (12芯) (套)	
				直接调制 (台)	外调制 (台)					
预算基价	总 价(元)			432.42	576.56	864.84	864.84	144.14	864.84	288.28
	人 工 费(元)			405.00	540.00	810.00	810.00	135.00	810.00	270.00
	机 械 费(元)			27.42	36.56	54.84	54.84	9.14	54.84	18.28
组 成 内 容		单位	单价	数 量						
人工	综合工	工日	135.00	3.00	4.00	6.00	6.00	1.00	6.00	2.00
机械	校验机械使用费	元	—	27.42	36.56	54.84	54.84	9.14	54.84	18.28

七、有线电视系统管理设备

工作内容： 搬运、开箱清点,检验、画线、定位,设备安装,固定、接线,做标志。

单位：台

	编 号			12-631	12-632	12-633	12-634	12-635	12-636	12-637	12-638
	项 目			寻址控制器	视频加密器	数据通道调制器	数据分支器	数据控制器	网络(费)管理控制器	收费管理系统调试	网络管理系统调试
预算基价	总 价(元)			**272.59**	**274.38**	**272.59**	**138.48**	**272.59**	**270.81**	**577.37**	**577.37**
	人 工 费(元)			270.00	270.00	270.00	135.00	270.00	270.00	540.00	540.00
	材 料 费(元)			2.59	4.38	2.59	3.48	2.59	0.81	0.81	0.81
	机 械 费(元)			—	—	—	—	—	—	36.56	36.56
组 成 内 容		单位	单价	数 量							
人工	综合工	工日	135.00	2.00	2.00	2.00	1.00	2.00	2.00	4.00	4.00
材料	标志牌	个	0.85	2.10	4.20	2.10	3.15	2.10	—	—	—
	棉纱	kg	16.11	0.050	0.050	0.050	0.050	0.050	0.050	0.050	0.050
机械	校验机械使用费	元	—	—	—	—	—	—	—	36.56	36.56

八、播控设备

工作内容：搬运、开箱清点,安装就位、调试、固定、接线、接地、做标志、清理现场。

单位：台

编　号				12-639	12-640	12-641	12-642	12-643	12-644	12-645	12-646	12-647
项　目				播控台安装			控制设备安装					
				长度(m以内)			电源自控器	矩阵切换器	时钟控制器	电平循环监测报警器	台标发生器	时标发生器
				1.60	2.00	1.20(组合式)						
预算基价	总　　价(元)			**1088.56**	**1358.56**	**818.56**	**112.38**	**108.81**	**110.59**	**74.66**	**97.09**	**97.09**
	人 工 费(元)			810.00	1080.00	540.00	108.00	108.00	108.00	67.50	94.50	94.50
	材 料 费(元)			278.56	278.56	278.56	4.38	0.81	2.59	2.59	2.59	2.59
	机 械 费(元)			—	—	—	—	—	—	4.57	—	—
组 成 内 容		单位	单价	数　　量								
人工	综合工	工日	135.00	6.00	8.00	4.00	0.80	0.80	0.80	0.50	0.70	0.70
材料	扎线卡	个	0.55	505.000	505.000	505.000	—	—	—	—	—	—
	棉纱	kg	16.11	0.050	0.050	0.050	0.050	0.050	0.050	0.050	0.050	0.050
	标志牌	个	0.85	—	—	—	4.200	—	2.100	2.100	2.100	2.100
机械	校验机械使用费	元	—	—	—	—	—	—	—	4.57	—	—

工作内容：搬运、开箱清点，安装就位、调试、固定、接线、接地、做标志、清理现场。 单位：台

编　号				12-648	12-649	12-650	12-651	12-652	12-653	12-654
项　目				控制设备安装						播控台调试
				字幕叠加器	监视器	视(音)频处理器	时钟校正器	视频分配器	画中画播出机	
预算基价	总　价(元)			**229.98**	**60.18**	**220.89**	**137.56**	**254.91**	**137.56**	**810.00**
	人　工　费(元)			108.00	27.00	108.00	108.00	108.00	108.00	810.00
	材　料　费(元)			114.67	31.35	112.89	29.56	146.91	29.56	—
	机　械　费(元)			7.31	1.83	—	—	—	—	—
组　成　内　容		单位	单价	数　　量						
人工	综合工	工日	135.00	0.80	0.20	0.80	0.80	0.80	0.80	6.00
材料	标志牌	个	0.85	4.200	4.200	2.100	2.100	9.450	2.100	—
	扎线卡	个	0.55	202.000	50.500	202.000	50.500	252.500	50.500	—
机械	校验机械使用费	元	—	7.31	1.83	—	—	—	—	—

179

九、传输网络设备

工作内容：开箱检验、清理搬运、组装保护箱(地面)、安装紧固、组装内件、固定尾纤(尾缆)、接地、加接电源、调试设备、标记等。 单位：个

编 号			12-655	12-656	12-657	12-658	12-659	12-660	12-661
项 目			干线设备安装						
			光接收机			光放大器	线路放大器		
			室外		室内	室内	室外		室内
			地面	架空			地面	架空	
预算基价	总　　价(元)		**144.95**	**289.78**	**116.12**	**577.37**	**219.12**	**578.06**	**137.91**
	人　工　费(元)		135.00	270.00	108.00	540.00	202.50	540.00	135.00
	材　料　费(元)		0.81	1.50	0.81	0.81	2.91	1.50	2.91
	机　械　费(元)		9.14	18.28	7.31	36.56	13.71	36.56	—
组 成 内 容		单位	单价	数　量					
人工	综合工	工日	135.00	1.00	2.00	0.80	4.00	1.50	4.00	1.00
材料	棉纱	kg	16.11	0.050	0.050	0.050	0.050	0.050	0.050	0.050
	镀锌钢丝 D2.8~4.0	kg	6.91	—	0.100	—	—	—	0.100	—
	木螺钉 M8	个	0.20	—	—	—	—	4.16	—	4.16
	塑料膨胀管 M6×35	只	0.31	—	—	—	—	4.120	—	4.120
机械	校验机械使用费	元	—	9.14	18.28	7.31	36.56	13.71	36.56	—

工作内容：1.安装供电器：开箱检验、清洁搬运、组装保护箱（室外）、安装紧固、接线、取电、做插头、接地、做标记等。**2.**安装无源器件：检验器件、安装固定、做接头等。

单位：个

编　号				12-662	12-663	12-664	12-665	12-666	12-667
项　目				干线设备安装					
				供电器			无源器件		
				室外		室内	室外		室内
				地面	电杆上		地面	架空	
预算基价	总　　价(元)			**203.31**	**289.09**	**144.95**	**69.13**	**81.81**	**54.81**
	人　工　费(元)			202.50	270.00	135.00	67.50	81.00	54.00
	材　料　费(元)			0.81	0.81	0.81	1.63	0.81	0.81
	机　械　费(元)			—	18.28	9.14	—	—	—
组 成 内 容		单位	单价	数　　　量					
人工	综合工	工日	135.00	1.50	2.00	1.00	0.50	0.60	0.40
材料	棉纱	kg	16.11	0.050	0.050	0.050	0.100	0.050	0.050
	木螺钉 M6	个	0.13	—	—	—	0.05	—	—
	塑料膨胀管 M6×35	只	0.31	—	—	—	0.050	—	—
机械	校验机械使用费	元	—	—	—	18.28	9.14	—	—

181

工作内容：1.调试放大器:测试输入电平,调整衰耗、均衡,做测试记录。2.调试供电器:测试输出电压、电流,测试放大器供电电压,做记录。**单位：个**

编　号				12-668	12-669	12-670	12-671	12-672	12-673	12-674	12-675
项　目				干线设备调试							
				放大器				供电器			
				单向		双向		10台以内		10台以外	
				地面	架空	地面	架空	地面	电杆上	地面	电杆上
预算基价	总　价(元)			**135.00**	**222.45**	**168.75**	**236.25**	**202.50**	**366.59**	**236.25**	**371.25**
	人　工　费(元)			135.00	202.50	168.75	236.25	202.50	337.50	236.25	371.25
	材　料　费(元)			—	6.24	—	—	—	6.24	—	—
	机　械　费(元)			—	13.71	—	—	—	22.85	—	—
组 成 内 容		单位	单价	**数　　量**							
人工	综合工	工日	135.00	1.00	1.50	1.25	1.75	1.50	2.50	1.75	2.75
材料	膨胀螺栓 M10	套	1.53	—	4.080	—	—	—	4.080	—	—
机械	校验机械使用费	元	—	—	13.71	—	—	—	22.85	—	—

十、分配网络设备

工作内容：开箱检验、固定保护箱、装放大器、引入工作电源等。

单位：10个

编　号				12-676	12-677
项　目				放大器安装	
				明装	暗装
预算基价	总　　价(元)			**151.19**	**122.36**
	人　工　费(元)			135.00	108.00
	材　料　费(元)			7.05	7.05
	机　械　费(元)			9.14	7.31
组　成　内　容		单位	单价	数　　量	
人工	综合工	工日	135.00	1.00	0.80
材料	膨胀螺栓 M10	套	1.53	4.080	4.080
	棉纱	kg	16.11	0.050	0.050
机械	校验机械使用费	元	—	9.14	7.31

工作内容：检查器件、清理端口、清理暗盒、做接头、整理布线等。

单位：10个

	编　　号			12-678	12-679	12-680
	项　　目			用户分支器、分配器安装		均衡器、衰减器安装
				明装	暗装	
预算基价	总　　　　价（元）			**282.17**	**189.81**	**65.36**
	人　工　费（元）			270.00	189.00	54.00
	材　料　费（元）			12.17	0.81	11.36
	组 成 内 容	单位	单价	数　　　量		
人工	综合工	工日	135.00	2.00	1.40	0.40
材料	木螺钉 M6	个	0.13	26.00	—	26.00
	塑料膨胀管 M6×35	只	0.31	25.750	—	25.750
	棉纱	kg	16.11	0.050	0.050	—

工作内容：检查器件、安装固定、做接头、布线连接、清理暗盒、连线调试。

单位：10个

编　号			12-681	12-682
项　　目			用户终端盒安装	
			明装	暗装
预算基价	总　　价(元)		**263.42**	**196.56**
	人　工　费(元)		236.25	195.75
	材　料　费(元)		27.17	0.81
组　成　内　容	单位	单价	数　　　量	
人工	综合工	工日	135.00	1.75	1.45
材料	用户终端盒 TV.FM	个	—	(10.100)	(10.100)
	木螺钉 M8	个	0.20	52.00	—
	塑料膨胀管 M6×35	只	0.31	51.500	—
	棉纱	kg	16.11	0.050	0.050

工作内容： 现场勘察设计、剔槽(孔、洞)、埋管、回敷、清理管道、埋设暗盒等。

单位：10个

编　号			12-683	12-684
项　目			埋设暗盒	
			暗盒(86×86、75×100)	暗盒(200×150)
预算基价	总　价(元)		**216.81**	**567.81**
	人工费(元)		216.00	567.00
	材料费(元)		0.81	0.81
组　成　内　容	单位	单价	数　　量	
人工	综合工	工日	135.00	1.60	4.20
材料	用户暗盒	个	—	(10.100)	—
	分支器、分配器暗盒	个	—	—	(10.100)
	棉纱	kg	16.11	0.050	0.050

工作内容：调试放大器(包括回传)、测试、记录、整理,测试用户终端、机上变换器、服务器、FM音箱,记录、整理、预置用户电视频道等。

编　号				12-685	12-686
项　目				网络终端调试	
				放大器调试 （个）	用户终端调试 （户）
预算基价		总　　价(元)		**216.21**	**14.41**
		人　工　费(元)		202.50	13.50
		机　械　费(元)		13.71	0.91
组 成 内 容		单位	单价	数　　量	
人工	综合工	工日	135.00	1.50	0.10
机械	校验机械使用费	元	—	13.71	0.91

十一、射频传输电缆

工作内容：开箱、线缆检查、编号、安装（穿放、布放）、断线、固定、临时封头、清理现场。　　　　　　　单位：100m

编　号			12-687	12-688	12-689	12-690
项　目			射频传输电缆室内管、暗槽内穿放		射频传输电缆室内线槽、桥架、支架、活动地板内明布放	
			φ9mm以内	φ9mm以外	φ9mm以内	φ9mm以外
预算基价	总　　价(元)		**187.38**	**245.04**	**239.84**	**297.50**
	人　工　费(元)		175.50	229.50	202.50	256.50
	材　料　费(元)		—	—	23.63	23.63
	机　械　费(元)		11.88	15.54	13.71	17.37
组　成　内　容		单位	单价	数　　量		
人工	综合工	工日	135.00	1.30	1.70	1.50	1.90
材料	电缆	m	—	(102.000)	(102.000)	(102.000)	(102.000)
	电缆卡子	个	0.39	—	—	60.600	60.600
机械	校验机械使用费	元	—	11.88	15.54	13.71	17.37

工作内容： 1.电杆上:检测电缆、配盘、架设电缆、挂钩、盘余长、绑保护物。2.墙壁上:安装支撑物、布放吊线、做终端、配盘、架设电缆、挂钩、盘余长、绑保护物。

单位：100m

编　号			12-691	12-692	12-693	12-694
项　目			射频传输电缆室外架设			
			在电杆上架设		在墙壁上架设	
			$\phi 9mm$以内	$\phi 9mm$以外	$\phi 9mm$以内	$\phi 9mm$以外
预算基价	总　　价(元)		**532.76**	**604.83**	**777.88**	**849.95**
	人　工　费(元)		337.50	405.00	405.00	472.50
	材　料　费(元)		172.41	172.41	345.46	345.46
	机　械　费(元)		22.85	27.42	27.42	31.99
组　成　内　容		单位	单价	数　　量			
人工	综合工	工日	135.00	2.50	3.00	3.00	3.50
材料	电缆	m	—	(102.000)	(102.000)	(102.000)	(102.000)
	中间支持物	套	—	—	—	(8.08)	(8.08)
	终端转角墙担	根	—	—	—	(4.04)	(4.04)
	电缆挂钩 25	个	0.85	202.000	202.000	202.000	202.000
	镀锌钢丝 $D1.2\sim2.2$	kg	7.13	0.100	0.100	0.100	0.100
	拉线环（大号）	个	3.27	—	—	4.040	4.040
	镀锌钢绞线	kg	6.31	—	—	11.220	11.220
	U形钢卡 $D6.0$	副	2.68	—	—	14.14	14.14
	镀锌滚花膨胀螺栓 $M12\times110$	套	1.13	—	—	24.48	24.48
	平顶射钉 螺绞	个	0.93	—	—	25.250	25.250
机械	校验机械使用费	元	—	22.85	27.42	27.42	31.99

工作内容： 检查器材、成端接头、固定接头。

单位：10个

编　号			12-695	12-696
项　目			射频电缆接头制作	
			架空	地面
预算基价	总　　价(元)		**136.61**	**108.81**
	人　工　费(元)		135.00	108.00
	材　料　费(元)		1.61	0.81
组　成　内　容	单位	单价	数　量	
人工	综合工	工日	135.00	1.00	0.80
材料	F型插头	个	—	(10.10)	(10.10)
	棉纱	kg	16.11	0.100	0.050

十二、卫星天线

工作内容：天线和天线架的搬运、安装及吊装,天线安装就位,调正方向和俯仰角,调试输出电平,整理测试记录,检查、紧固天线各部件,补漆,吊装设备的安装、拆除,清理施工现场。

单位：副

编　号				12-697	12-698	12-699	12-700	12-701	12-702
项　目				天线在楼顶天线架上吊装					
				楼顶距地面20m以内					
				ϕ2m以内	ϕ3.2m以内	ϕ4m以内	ϕ6m以内	ϕ7.2m以内	ϕ15m以内
预算基价	总　　价(元)			**1127.90**	**1319.26**	**1726.12**	**4934.80**	**8242.55**	**12318.92**
	人　工　费(元)			877.50	1012.50	1350.00	4185.00	7155.00	10800.00
	材　料　费(元)			10.65	12.78	14.20	15.62	17.04	21.30
	机　械　费(元)			239.75	293.98	361.92	734.18	1070.51	1497.62
组 成 内 容		单位	单价	数　　量					
人工	综合工	工日	135.00	6.50	7.50	10.00	31.00	53.00	80.00
材料	天线及配套件	套	—	(1.00)	(1.00)	(1.00)	(1.00)	(1.00)	(1.00)
	汽油 70#	kg	7.10	1.500	1.800	2.000	2.200	2.400	3.000
机械	卷扬机 单筒快速 20kN	台班	225.43	0.800	1.000	1.200	2.000	2.600	3.400
	校验机械使用费	元	—	59.41	68.55	91.40	283.32	484.39	731.16

工作内容: 天线和天线架的搬运、安装及吊装,天线安装就位,调正方向和俯仰角,调试输出电平,整理测试记录,检查、紧固天线各部件,补漆,吊装设备的安装、拆除,清理施工现场。

单位：副

编　号			12-703	12-704	12-705	12-706	12-707	12-708
项　目			天线在地面水泥底座上及天线架上吊装					
			φ2m以内	φ3.2m以内	φ4m以内	φ6m以内	φ7.2m以内	φ15m以内
预算基价	总　　价(元)		**969.34**	**1189.53**	**1581.98**	**4078.85**	**6864.01**	**10561.92**
	人　工　费(元)		729.00	891.00	1215.00	3510.00	6075.00	9450.00
	材　料　费(元)		10.65	12.78	14.20	15.62	17.04	21.30
	机　械　费(元)		229.69	285.75	352.78	553.23	771.97	1090.62
组　成　内　容	单位	单价	数　　　量					
人工 综合工	工日	135.00	5.40	6.60	9.00	26.00	45.00	70.00
材料 天线及配套件	套	—	(1.00)	(1.00)	(1.00)	(1.00)	(1.00)	(1.00)
汽油 70#	kg	7.10	1.500	1.800	2.000	2.200	2.400	3.000
机械 卷扬机 单筒快速 20kN	台班	225.43	0.800	1.000	1.200	1.400	1.600	2.000
校验机械使用费	元	—	49.35	60.32	82.26	237.63	411.28	639.76

第八章　扩声、背景音乐系统

说　　明

一、本章适用范围：小区、会场、广场的扩声、广播、背景音乐系统的安装与调试。

二、调音台种类表示程式为：1+2/3/4。

1 为调音台输入路数；2 为立体声输入路数；3 为编组输出路数；4 为主输出路数。

三、本章设备按成套购置考虑。

四、如果扩声系统中使用 SISTM 空间成像三声道输出调音台,扩声系统分系统调试和试运行基价人工工日乘以系数 1.30。

工程量计算规则

一、扩声系统设备：依据名称、类别、回路数、功能，按设计图示数量计算。

二、扩声系统：依据名称、类别、功能，按设计图示数量计算。

三、背景音乐系统设备：依据名称、类别、回路数、功能，按设计图示数量计算。

四、背景音乐系统：依据名称、类别、功能，按设计图示数量计算。

一、扩声系统设备

工作内容： 开箱检验,做安装传声器输入插头、信号源输入插头,接电缆、电源供电和其他辅助设备连接线等。

单位：台

编　　号				12-709	12-710	12-711	12-712	12-713	12-714	12-715	12-716	12-717	12-718
项　　目				调音台									
				4/2	6/2	8/2	10/4/2	12+2/4/2	12/3	12+4/4/2	16+4/4/2	16/3	16+4/8/2
预算基价	总　　价(元)			435.57	651.78	867.99	1084.20	1733.61	1301.20	2166.03	2600.02	1735.18	2600.02
	人　工　费(元)			405.00	607.50	810.00	1012.50	1620.00	1215.00	2025.00	2430.00	1620.00	2430.00
	材　料　费(元)			3.15	3.15	3.15	3.15	3.94	3.94	3.94	5.51	5.51	5.51
	机　械　费(元)			27.42	41.13	54.84	68.55	109.67	82.26	137.09	164.51	109.67	164.51
组　成　内　容		单位	单价	数　　量									
人工	综合工	工日	135.00	3.00	4.50	6.00	7.50	12.00	9.00	15.00	18.00	12.00	18.00
材料	电缆卡子	个	0.39	8.080	8.080	8.080	8.080	10.100	10.100	10.100	14.140	14.140	14.140
机械	校验机械使用费	元	—	27.42	41.13	54.84	68.55	109.67	82.26	137.09	164.51	109.67	164.51

197

工作内容： 开箱检验,做安装传声器输入插头、信号源输入插头,接电缆、电源供电和其他辅助设备连接线等。

单位：台

编　号			12-719	12-720	12-721	12-722	12-723	12-724	12-725	12-726	12-727	12-728
项　目			调音台									
			16/8/2	24/4/2	24/3	24+4/4/2	24+4/8/2	24/8/2	24+2/4/2	32+4/4/2	32+4/8/2	32/8/2
预算基价	总　　价(元)		**1735.18**	**2601.60**	**2601.60**	**3466.44**	**3466.44**	**2601.60**	**3034.02**	**4332.86**	**4332.86**	**3468.02**
	人　工　费(元)		1620.00	2430.00	2430.00	3240.00	3240.00	2430.00	2835.00	4050.00	4050.00	3240.00
	材　料　费(元)		5.51	7.09	7.09	7.09	7.09	7.09	7.09	8.67	8.67	8.67
	机　械　费(元)		109.67	164.51	164.51	219.35	219.35	164.51	191.93	274.19	274.19	219.35
组　成　内　容		单位	单价	数　　量								
人工	综合工	工日	135.00	12.00	18.00	18.00	24.00	24.00	18.00	21.00	30.00	30.00	24.00
材料	电缆卡子	个	0.39	14.140	18.180	18.180	18.180	18.180	18.180	18.180	22.220	22.220	22.220
机械	校验机械使用费	元	—	109.67	164.51	164.51	219.35	219.35	164.51	191.93	274.19	274.19	219.35

198

工作内容：开箱检查,设备上机柜组装,设备间输入输出电平适配,设备间连接线的平衡、非平衡选择,输出输入阻抗之适配,输入输出端子插头连接线正负与地线辨别、供给电源等。

单位：台

编　号			12-729	12-730	12-731	12-732	12-733	12-734	12-735	12-736	12-737
项　目			均衡器					压限器			激励器
			双31段 双15段	单31段	参数 均衡器	双31段+ 20dB降噪 （带限幅）	双15段+ 20dB降噪 （带限幅）	单路压/限 （含噪声门）	双路压/限 （含噪声门）	四路压/限	
预算基价	总　　价(元)		**217.65**	**108.67**	**108.67**	**217.65**	**217.65**	**108.67**	**217.65**	**435.29**	**217.65**
	人　工　费(元)		202.50	101.25	101.25	202.50	202.50	101.25	202.50	405.00	202.50
	材　料　费(元)		1.44	0.57	0.57	1.44	1.44	0.57	1.44	2.87	1.44
	机　械　费(元)		13.71	6.85	6.85	13.71	13.71	6.85	13.71	27.42	13.71
组　成　内　容		单位	单价	数　　量							
人工	综合工	工日	135.00	1.50	0.75	0.75	1.50	1.50	0.75	1.50	3.00	1.50
材料	脱脂棉	kg	28.74	0.050	0.020	0.020	0.050	0.050	0.020	0.050	0.100	0.050
机械	校验机械使用费	元	—	13.71	6.85	6.85	13.71	13.71	6.85	13.71	27.42	13.71

工作内容： 开箱检查,设备上机柜组装,设备间输入输出电平适配,设备间连接线的平衡、非平衡选择,输出输入阻抗之适配,输入输出端子插头连接线正负与地线辨别、供给电源等。

単位：台

编　号			12-738	12-739	12-740	12-741	12-742	12-743	12-744	12-745	12-746	12-747
项　目			噪声门		延时器	反馈抑制器	功率放大器		降噪器	分配器	切换器	变调器
			超级双路	四路			双路入、双路出	桥接单路入、单路出				
预算基价	总　价(元)		**217.65**	**435.29**	**217.65**	**217.65**	**217.65**	**217.65**	**217.65**	**217.65**	**217.65**	**217.65**
	人　工　费(元)		202.50	405.00	202.50	202.50	202.50	202.50	202.50	202.50	202.50	202.50
	材　料　费(元)		1.44	2.87	1.44	1.44	1.44	1.44	1.44	1.44	1.44	1.44
	机　械　费(元)		13.71	27.42	13.71	13.71	13.71	13.71	13.71	13.71	13.71	13.71

组 成 内 容		单位	单价	数　　量									
人工	综合工	工日	135.00	1.50	3.00	1.50	1.50	1.50	1.50	1.50	1.50	1.50	1.50
材料	脱脂棉	kg	28.74	0.050	0.100	0.050	0.050	0.050	0.050	0.050	0.050	0.050	0.050
机械	校验机械使用费	元	—	13.71	27.42	13.71	13.71	13.71	13.71	13.71	13.71	13.71	13.71

工作内容：开箱检查,设备上机柜组装,设备间输入输出电平适配,设备间连接线的平衡、非平衡选择,输出输入阻抗之适配,输入输出端子插头连接线正负与地线辨别、供给电源等。

单位：台

编 号			12-748	12-749	12-750	12-751	12-752	12-753	12-754	12-755	12-756	12-757
项 目			数字音频信号处理器 ISP-100	赛宾工作站 ADF-4000	音箱					壁挂音箱	室内音柱	室外音柱（全天候）
					主音箱	返送音箱	近次反射声音箱	拉声像音箱	辅助音箱			
预算基价	总 价(元)		**217.65**	**217.65**	**217.65**	**217.65**	**217.65**	**217.65**	**217.65**	**36.93**	**14.41**	**43.24**
	人 工 费(元)		202.50	202.50	202.50	202.50	202.50	202.50	202.50	33.75	13.50	40.50
	材 料 费(元)		1.44	1.44	1.44	1.44	1.44	1.44	1.44	0.90	—	—
	机 械 费(元)		13.71	13.71	13.71	13.71	13.71	13.71	13.71	2.28	0.91	2.74
组 成 内 容	单位	单价	数 量									
人工	综合工	工日	135.00	1.50	1.50	1.50	1.50	1.50	1.50	1.50	0.25	0.10	0.30
材料	脱脂棉	kg	28.74	0.050	0.050	0.050	0.050	0.050	0.050	0.050	—	—	—
	膨胀螺栓 M6	套	0.44	—	—	—	—	—	—	—	2.040	—	—
机械	校验机械使用费	元	—	13.71	13.71	13.71	13.71	13.71	13.71	13.71	2.28	0.91	2.74

工作内容：开箱检查,设备上机柜组装,设备间输入输出电平适配,设备间连接线的平衡、非平衡选择,输出输入阻抗之适配,输入输出端子插头连接线正负与地线辨别、供给电源等。

单位：台

编　　号			12-758	12-759	12-760	12-761	12-762	12-763	12-764	12-765	12-766	12-767
项　　目			草坪扬声器	室外防盐雾扬声器	室外号筒扬声器	水下扬声器	投射式扬声器	墙上平嵌型扬声器	厢式扬声器	平板扬声器	镜框扬声器	球形扬声器
预算基价	总　　价(元)		**49.48**	**28.83**	**57.66**	**72.07**	**57.66**	**36.03**	**28.83**	**50.45**	**36.03**	**360.35**
	人　工　费(元)		40.50	27.00	54.00	67.50	54.00	33.75	27.00	47.25	33.75	337.50
	材　料　费(元)		6.24	—	—	—	—	—	—	—	—	—
	机　械　费(元)		2.74	1.83	3.66	4.57	3.66	2.28	1.83	3.20	2.28	22.85
组　成　内　容	单位	单价	数　　　量									
人工　综合工	工日	135.00	0.30	0.20	0.40	0.50	0.40	0.25	0.20	0.35	0.25	2.50
材料　膨胀螺栓 M10	套	1.53	4.080	—	—	—	—	—	—	—	—	—
机械　校验机械使用费	元	—	2.74	1.83	3.66	4.57	3.66	2.28	1.83	3.20	2.28	22.85

工作内容：开箱检查,设备上机柜组装,设备间输入输出电平适配,设备间连接线的平衡、非平衡选择,输出输入阻抗之适配,输入输出端子插头连接线正负与地线辨别、供给电源等。

单位：台

编　号			12-768	12-769	12-770	12-771	12-772	12-773	12-774	12-775	12-776	12-777
项　目			音箱			分频器		效果器	阻抗匹配器			无线
			效果音箱	监听音箱	吸顶式扬声器	二分频（高、低）	三分频（高、中、低）	（混响器）	单路入、单路出	双路入、双路出	桥接单路入、单路出	传声器
预算基价	总　　价(元)		**73.51**	**73.51**	**56.21**	**217.65**	**218.22**	**73.51**	**108.67**	**217.65**	**216.78**	**73.51**
	人　工　费(元)		67.50	67.50	52.65	202.50	202.50	67.50	101.25	202.50	202.50	67.50
	材　料　费(元)		1.44	1.44	—	1.44	2.01	1.44	0.57	1.44	0.57	1.44
	机　械　费(元)		4.57	4.57	3.56	13.71	13.71	4.57	6.85	13.71	13.71	4.57
组　成　内　容	单位	单价	数　　量									
人工	综合工	工日	135.00	0.50	0.50	0.39	1.50	1.50	0.50	0.75	1.50	1.50	0.50
材料	脱脂棉	kg	28.74	0.050	0.050	—	0.050	0.070	0.050	0.020	0.050	0.020	0.050
机械	校验机械使用费	元	—	4.57	4.57	3.56	13.71	13.71	4.57	6.85	13.71	13.71	4.57

工作内容: 开箱检查,设备上机柜组装,设备间输入输出电平适配,设备间连接线的平衡、非平衡选择,输出输入阻抗之适配,输入输出端子插头连接线正负与地线辨别、供给电源等。

单位:台

编　号			12-778	12-779	12-780	12-781
项　目			卡座	CD机或双CD	VCD或DVD音频部分	搓盘机
预算基价	总　　价(元)		**59.10**	**216.21**	**216.21**	**216.21**
	人　工　费(元)		54.00	202.50	202.50	202.50
	材　料　费(元)		1.44	—	—	—
	机　械　费(元)		3.66	13.71	13.71	13.71
组 成 内 容		单位	单价	数　　　量		
人工	综合工	工日	135.00	0.40	1.50	1.50	1.50
材料	托盘 3U	个	—	(1.00)	(1.00)	(1.00)	(1.00)
	脱脂棉	kg	28.74	0.050	—	—	—
机械	校验机械使用费	元	—	3.66	13.71	13.71	13.71

工作内容：找相位、连电缆、接通交流电、给机柜设备提供电源等。 　　　　　　　　　　　　　　　单位：台

	编　号			12-782	12-783
	项　目			稳压电源	专用机柜
预算基价	总　价(元)			**115.31**	**202.50**
	人 工 费(元)			108.00	202.50
	机 械 费(元)			7.31	—
	组 成 内 容	单位	单价	数　量	
人工	综合工	工日	135.00	0.80	1.50
材料	托盘 3U	个	—	—	(2.00)
	电源端子板	个	—	—	(2.00)
机械	校验机械使用费	元	—	7.31	—

二、扩 声 系 统

工作内容：调试。

编　号			12-784	12-785	12-786	12-787	12-788
项　目			传声器调试			耳机调试	
			驻极体（只）	动圈（只）	电容（只）	动圈（副）	电容（副）
预算基价	总　价(元)		**14.41**	**14.41**	**28.83**	**14.41**	**14.41**
	人　工　费(元)		13.50	13.50	27.00	13.50	13.50
	机　械　费(元)		0.91	0.91	1.83	0.91	0.91
组 成 内 容	**单位**	**单价**	**数　　量**				
人工 综合工	工日	135.00	0.10	0.10	0.20	0.10	0.10
机械 校验机械使用费	元	—	0.91	0.91	1.83	0.91	0.91

工作内容： 设备间连通、调试（含扬声器箱的高低、左右、俯仰角度方位调试）等。

单位：台

编 号				12-789	12-790	12-791
项 目				数字音频信号 处理器调试	赛宾工作站调试	设备级间调试
				ISP-100	ADF-4000	
预算基价	总 价(元)			**576.56**	**576.56**	**576.56**
	人 工 费(元)			540.00	540.00	540.00
	机 械 费(元)			36.56	36.56	36.56
组 成 内 容		单位	单价	数 量		
人工	综合工	工日	135.00	4.00	4.00	4.00
机械	校验机械使用费	元	—	36.56	36.56	36.56

工作内容：调试、测量记录等。

单位：系统

编　号				12-792	12-793	12-794
项　目				分系统调试		
				语言	多功能	音乐
预算基价	总　　价(元)			**11531.16**	**15855.35**	**20179.53**
	人　工　费(元)			10800.00	14850.00	18900.00
	机　械　费(元)			731.16	1005.35	1279.53
组　成　内　容		**单位**	**单价**	**数　　量**		
人工	综合工	工日	135.00	80.00	110.00	140.00
机械	校验机械使用费	元	—	731.16	1005.35	1279.53

工作内容： 检验系统可靠性的调整测试,试运行时间15天。

单位： 系统

编　号			12-795	12-796	12-797
项　目			试运行		
			语言	多功能	音乐
预算基价	总　价(元)		**6918.70**	**9513.21**	**12107.72**
	人　工　费(元)		6480.00	8910.00	11340.00
	机　械　费(元)		438.70	603.21	767.72
组　成　内　容	单位	单价	数　量		
人工 综合工	工日	135.00	48.00	66.00	84.00
机械 校验机械使用费	元	—	438.70	603.21	767.72

三、背景音乐系统设备

工作内容：开箱检查、设备间连线，设备上机柜组装，设备间输入输出电平优选配接；设备间输入输出阻抗优选配接，节目信号广播线、控制线、转接端子的正负连接及接地的辨别，供给电源；设备间连接线平衡非平衡。

单位：台

编 号				12-798	12-799	12-800	12-801	12-802	12-803	12-804	12-805	12-806	12-807
项 目				数字调谐器	LD（音频部分）	可录CD机（MD）	数字信息播放器	遥控传声器（≤12路）	遥控传声器（＞12路）	无线传声器接收机	多通道台式机箱	传声器输入单元	继电器切换单元（模块与通道）
预算基价	总 价（元）			**216.78**	**216.78**	**216.78**	**216.78**	**217.36**	**289.43**	**216.21**	**29.98**	**28.83**	**29.40**
	人 工 费（元）			202.50	202.50	202.50	202.50	202.50	270.00	202.50	27.00	27.00	27.00
	材 料 费（元）			0.57	0.57	0.57	0.57	1.15	1.15	—	1.15	—	0.57
	机 械 费（元）			13.71	13.71	13.71	13.71	13.71	18.28	13.71	1.83	1.83	1.83
组 成 内 容		单位	单价	数 量									
人工	综合工	工日	135.00	1.50	1.50	1.50	1.50	1.50	2.00	1.50	0.20	0.20	0.20
材料	脱脂棉	kg	28.74	0.020	0.020	0.020	0.020	0.040	0.040	—	0.040	—	0.020
机械	校验机械使用费	元	—	13.71	13.71	13.71	13.71	13.71	18.28	13.71	1.83	1.83	1.83

工作内容：开箱检查、设备间连线,设备上机柜组装,设备间输入输出电平优选配接;设备间输入输出阻抗优选配接,节目信号广播线、控制线、转接端子的正负连接及接地的辨别,供给电源;设备间连接线平衡非平衡。

单位：台

编　号			12-808	12-809	12-810	12-811	12-812	12-813	12-814	12-815	12-816	12-817
项　目			数据接收单元	钟声单元	语言信息单元	警报信号单元	报警、钟声信号单元	传声器前置放大器	辅助前置放大器	节目选择单元	分区选择单元	线路放大器
预算基价	总　价(元)		**29.40**	**28.83**	**28.83**	**28.83**	**28.83**	**28.83**	**28.83**	**28.83**	**28.83**	**28.83**
	人　工　费(元)		27.00	27.00	27.00	27.00	27.00	27.00	27.00	27.00	27.00	27.00
	材　料　费(元)		0.57	—	—	—	—	—	—	—	—	—
	机　械　费(元)		1.83	1.83	1.83	1.83	1.83	1.83	1.83	1.83	1.83	1.83
组成内容	单位	单价	数　量									
人工　综合工	工日	135.00	0.20	0.20	0.20	0.20	0.20	0.20	0.20	0.20	0.20	0.20
材料　脱脂棉	kg	28.74	0.020	—	—	—	—	—	—	—	—	—
机械　校验机械使用费	元	—	1.83	1.83	1.83	1.83	1.83	1.83	1.83	1.83	1.83	1.83

工作内容： 开箱检查、设备间连线，设备上机柜组装，设备间输入输出电平优选配接；设备间输入输出阻抗优选配接，节目信号广播线、控制线、转接端子的正负连接及接地的辨别，供给电源；设备间连接线平衡非平衡。

单位：台

编　号			12-818	12-819	12-820	12-821	12-822	12-823	12-824	12-825	12-826	12-827
项　目			直流电源单元	转接单元	音频矩阵切换器						带前级功放	带前级广播机
					4×4	8×4	8×8	16×4	16×16	32×32		
预算基价	总　　价（元）		**28.83**	**28.83**	**115.88**	**173.54**	**231.19**	**289.14**	**462.11**	**924.21**	**216.21**	**216.21**
	人　工　费（元）		27.00	27.00	108.00	162.00	216.00	270.00	432.00	864.00	202.50	202.50
	材　料　费（元）		—	—	0.57	0.57	0.57	0.86	0.86	1.72	—	—
	机　械　费（元）		1.83	1.83	7.31	10.97	14.62	18.28	29.25	58.49	13.71	13.71
组　成　内　容	单位	单价	数　　量									
人工	综合工	工日	135.00	0.20	0.20	0.80	1.20	1.60	2.00	3.20	6.40	1.50	1.50
材料	脱脂棉	kg	28.74	—	—	0.020	0.020	0.020	0.030	0.030	0.060	—	—
机械	校验机械使用费	元	—	1.83	1.83	7.31	10.97	14.62	18.28	29.25	58.49	13.71	13.71

工作内容： 开箱检查、设备间连线,设备上机柜组装,设备间输入输出电平优选配接;设备间输入输出阻抗优选配接,节目信号广播线、控制线、
转接端子的正负连接及接地的辨别,供给电源;设备间连接线平衡非平衡。

单位：台

编 号			12-828	12-829	12-830	12-831	12-832	12-833	12-834	12-835	12-836	12-837
项 目			功放 (定压)	功放 (定压带优先)	功放(定压) 带分区输出	功率信号 切换器	定压 变压器	机房 配线箱	节目 定时器	监听 检测盘	电源定时器 (程序控制)	电源 控制器
预算基价	总 价(元)		**216.21**	**259.45**	**259.45**	**216.21**	**216.21**	**216.21**	**115.31**	**144.14**	**115.31**	**86.48**
	人 工 费(元)		202.50	243.00	243.00	202.50	202.50	202.50	108.00	135.00	108.00	81.00
	机 械 费(元)		13.71	16.45	16.45	13.71	13.71	13.71	7.31	9.14	7.31	5.48
组 成 内 容	单位	单价	数 量									
人工 综合工	工日	135.00	1.50	1.80	1.80	1.50	1.50	1.50	0.80	1.00	0.80	0.60
机械 校验机械使用费	元	—	13.71	16.45	16.45	13.71	13.71	13.71	7.31	9.14	7.31	5.48

工作内容： 开箱检查、设备间连线,设备上机柜组装,设备间输入输出电平优选配接;设备间输入输出阻抗优选配接,节目信号广播线、控制线、转接端子的正负连接及接地的辨别,供给电源;设备间连接线平衡非平衡。

单位：台

编　号			12-838	12-839	12-840	12-841	12-842	12-843	12-844	12-845
项　目			风扇单元	接线箱	楼层接线箱	球形扬声器	数字式遥控传声器	媒体矩阵控制主机	周边设备	接口设备
预算基价	总　　价(元)		**72.07**	**216.21**	**115.31**	**36.03**	**216.21**	**807.18**	**216.21**	**216.21**
	人　工　费(元)		67.50	202.50	108.00	33.75	202.50	756.00	202.50	202.50
	机　械　费(元)		4.57	13.71	7.31	2.28	13.71	51.18	13.71	13.71
组成内容	单位	单价	数　　量							
人工	综合工	工日	135.00	0.50	1.50	0.80	0.25	1.50	5.60	1.50	1.50
机械	校验机械使用费	元	—	4.57	13.71	7.31	2.28	13.71	51.18	13.71	13.71

四、背景音乐系统

工作内容：调试。

单位：台

编 号				12-846	12-847	12-848	12-849	12-850	12-851	12-852
项 目				分系统调试						
				控制室设备调试						
				前级信号 处理插入单元	调音台 （含前级设备）	音频矩阵切换器			媒体矩阵 控制主机	其余设备 级间调试
						8×8	16×16	32×32		
预算基价	总 价（元）			**28.83**	**288.28**	**144.14**	**216.21**	**288.28**	**86.48**	**144.14**
	人 工 费（元）			27.00	270.00	135.00	202.50	270.00	81.00	135.00
	机 械 费（元）			1.83	18.28	9.14	13.71	18.28	5.48	9.14
组 成 内 容		单位	单价	数 量						
人工	综合工	工日	135.00	0.20	2.00	1.00	1.50	2.00	0.60	1.00
机械	校验机械使用费	元	—	1.83	18.28	9.14	13.71	18.28	5.48	9.14

215

工作内容： 检验系统可靠性及必要的调整测试;资料整理、移交文件等;系统运行如无特殊情况,试运行时间一般不应超过15天。　　　　　　　　　　　　　**单位：系统**

编　号			12-853
项　目			试运行
预算基价	总　价(元)		**3891.77**
	人　工　费(元)		3645.00
	机　械　费(元)		246.77

组　成　内　容	单位	单价	数　量
人工 综合工	工日	135.00	27.00
机械 校验机械使用费	元	—	246.77

第九章　停车场管理系统

说　明

一、本章适用范围：大型收费停车场管理系统、小区停车管理系统的安装调试。

二、本章设备按成套购置考虑,在安装时如需配套材料,按设计据实计算。

三、本章全系统联调包括：车辆检测识别设备系统、出入口设备系统、显示和信号设备系统、监控管理中心设备系统。

工程量计算规则

一、车辆检测识别设备：依据名称、类型，按设计图示数量计算。

二、出入口设备：依据名称、类型，按设计图示数量计算。

三、显示和信号设备：依据名称、类型、规格，按设计图示数量计算。

四、监控管理中心设备：依据名称，按设计图示数量计算。

一、车辆检测识别设备

工作内容：开箱检查、器材搬运、定位切槽、下线灌封、安装调试、保护、清场。

单位：套

编　号				12-854	12-855	12-856	12-857	12-858	12-859
项　目				电感线圈车辆探测器	红外车辆探测器	车位探测器	车辆分离器	红外车型识别仪	车牌识别装置
预算基价	总　价(元)			**435.11**	**661.61**	**304.94**	**302.78**	**883.14**	**520.51**
	人 工 费(元)			270.00	540.00	243.00	243.00	810.00	486.00
	材 料 费(元)			103.29	85.05	29.94	43.33	18.30	1.61
	机 械 费(元)			61.82	36.56	32.00	16.45	54.84	32.90
组 成 内 容		单位	单价	数　量					
人工	综合工	工日	135.00	2.00	4.00	1.80	1.80	6.00	3.60
材料	膨胀螺栓 M16	套	4.09	4.080	20.400	—	10.200	4.080	—
	环氧树脂	kg	28.33	3.00	—	1.00	—	—	—
	棉纱	kg	16.11	0.100	0.100	0.100	0.100	0.100	0.100
机械	混凝土切缝机	台班	31.10	1.40	—	0.50	—	—	—
	校验机械使用费	元	—	18.28	36.56	16.45	16.45	54.84	32.90

二、出入口设备

工作内容：开箱检查、器材搬运、安装调试、保护、清场。

单位：套

编　号			12-860	12-861	12-862	12-863	12-864	12-865	12-866	12-867
项　目			出入口控制机	终端显示器	专用键盘	收费员操作台	出入口对讲分机	手动栏杆	电动栏杆	车辆计数器
预算基价	总　　价(元)		**605.55**	**81.16**	**86.64**	**162.16**	**34.75**	**269.62**	**674.93**	**355.83**
	人　工　费(元)		567.00	81.00	81.00	162.00	32.40	243.00	567.00	270.00
	材　料　费(元)		0.16	0.16	0.16	0.16	0.16	10.17	10.17	67.55
	机　械　费(元)		38.39	—	5.48	—	2.19	16.45	97.76	18.28
组　成　内　容	单位	单价	数　　量							
人工	综合工	工日	135.00	4.20	0.60	0.60	1.20	0.24	1.80	4.20	2.00
材料	棉纱	kg	16.11	0.010	0.010	0.010	0.010	0.010	0.050	0.050	0.050
	膨胀螺栓 M10	套	1.53	—	—	—	—	—	6.120	6.120	—
	膨胀螺栓 M16	套	4.09	—	—	—	—	—	—	—	16.320
机械	电瓶车 2.5t	台班	237.47	—	—	—	—	—	—	0.250	—
	校验机械使用费	元	—	38.39	—	5.48	—	2.19	16.45	38.39	18.28

工作内容：开箱检查、器材搬运、安装调试、保护、清场。 单位：套

	编　　号			12-868	12-869	12-870	12-871	12-872	12-873	12-874
	项　　目			磁卡通行券发卡机	IC卡通行券发卡机	非接触式IC卡发卡机	通行券自动发券机	磁卡通行券阅读机	IC卡通行券阅读机	非接触式IC卡阅读机
预算基价	总　　　价(元)			**346.74**	**173.78**	**173.78**	**432.86**	**216.37**	**216.37**	**217.02**
	人　工　费(元)			324.00	162.00	162.00	270.00	202.50	202.50	202.50
	材　料　费(元)			0.81	0.81	0.81	25.84	0.16	0.16	0.81
	机　械　费(元)			21.93	10.97	10.97	137.02	13.71	13.71	13.71
	组 成 内 容	单位	单价	数　　　　量						
人工	综合工	工日	135.00	2.40	1.20	1.20	2.00	1.50	1.50	1.50
材料	棉纱	kg	16.11	0.050	0.050	0.050	0.050	0.010	0.010	0.050
	膨胀螺栓 M16	套	4.09	—	—	—	6.120	—	—	—
机械	电瓶车 2.5t	台班	237.47	—	—	—	0.500	—	—	—
	校验机械使用费	元	—	21.93	10.97	10.97	18.28	13.71	13.71	13.71

工作内容：开箱检查、器材搬运、安装调试、保护、清场。   **单位：套**

编　号				12-875	12-876	12-877	12-878	12-879	12-880	12-881
项　目				通行券自动阅读机	纸币自动收款机	硬币自动收款机	停车计费显示器	语音报价器	收据打印机	紧急报警器
预算基价	总　　价(元)			**313.47**	**313.47**	**314.12**	**89.53**	**146.50**	**93.43**	**293.57**
	人　工　费(元)			270.00	270.00	270.00	81.00	135.00	81.00	270.00
	材　料　费(元)			25.19	25.19	25.84	3.05	2.36	6.95	5.29
	机　械　费(元)			18.28	18.28	18.28	5.48	9.14	5.48	18.28
组 成 内 容		单位	单价	数　　　　量						
人工	综合工	工日	135.00	2.00	2.00	2.00	0.60	1.00	0.60	2.00
材料	膨胀螺栓 M5	套	0.38	—	—	—	—	4.080	—	—
	膨胀螺栓 M8	套	0.55	—	—	—	4.080	—	—	8.160
	膨胀螺栓 M16	套	4.09	6.120	6.120	6.120	—	—	—	—
	棉纱	kg	16.11	0.010	0.010	0.050	0.050	0.050	0.050	0.050
	打印纸 132行	包	61.44	—	—	—	—	—	0.10	—
机械	校验机械使用费	元	—	18.28	18.28	18.28	5.48	9.14	5.48	18.28

224

三、显示和信号设备

工作内容：开箱检查、器材搬运、清理基础、安装固定、穿接线缆、调试防护。

单位：套

编　号			12-882	12-883	12-884	12-885	12-886	12-887
项　目			停车场标志牌	停车场空满显示板	出入口标志板	场内车位显示板	通行诱导信息牌	通行信号灯
预算基价	总　价(元)		**1050.49**	**906.35**	**1194.63**	**852.09**	**1021.46**	**185.62**
	人　工　费(元)		810.00	675.00	945.00	675.00	945.00	162.00
	材　料　费(元)		66.91	66.91	66.91	12.65	12.48	12.65
	机　械　费(元)		173.58	164.44	182.72	164.44	63.98	10.97
组 成 内 容	单位	单价	数　　量					
人工 综合工	工日	135.00	6.00	5.00	7.00	5.00	7.00	1.20
材料 膨胀螺栓 M10	套	1.53	—	—	—	8.160	8.160	8.160
膨胀螺栓 M16	套	4.09	16.320	16.320	16.320	—	—	—
棉纱	kg	16.11	0.010	0.010	0.010	0.010	—	0.010
机械 电瓶车 2.5t	台班	237.47	0.500	0.500	0.500	0.500	—	—
校验机械使用费	元	—	54.84	45.70	63.98	45.70	63.98	10.97

225

工作内容： 开箱检查、器材搬运、清理基础、安装固定、穿接线缆、调试防护。

编　号			12-888	12-889	12-890	12-891	12-892
项　目			限速标志	投影仪	大屏幕投影屏	模拟地图屏	监视器架
			（套）	50″ （套）		1m×1m （套）	2×6 （台）
预算基价	总　　价（元）		**671.43**	**289.09**	**984.39**	**1186.18**	**335.76**
	人　工　费（元）		540.00	270.00	810.00	999.00	202.50
	材　料　费（元）		47.38	0.81	0.81	0.81	0.81
	机　械　费（元）		84.05	18.28	173.58	186.37	132.45
组　成　内　容		单位	单价		数　　量		
人工	综合工	工日	135.00	4.00	2.00	6.00	7.40	1.50
材料	醇酸防锈漆 C53-1	kg	13.20	1.000	—	—	—	—
	膨胀螺栓 M16	套	4.09	8.160	—	—	—	—
	棉纱	kg	16.11	0.050	0.050	0.050	0.050	0.050
机械	电瓶车 2.5t	台班	237.47	0.200	—	0.500	0.500	0.500
	校验机械使用费	元	—	36.56	18.28	54.84	67.63	13.71

四、监控管理中心设备

工作内容：技术准备、开箱检查、器材搬运、安装固定、性能检查、开通试验、调试清场。

单位：套

编　号			12-893	12-894
项　目			监控中心控制台	停车场管理软件
预算基价	总　　　价(元)		**1849.22**	**2704.76**
	人　工　费(元)		1620.00	2430.00
	材　料　费(元)		0.81	110.25
	机　械　费(元)		228.41	164.51
组　成　内　容	单位	单价	数　　量	
人工 综合工	工日	135.00	12.00	18.00
材料 棉纱	kg	16.11	0.050	0.050
打印纸 132行	包	61.44	—	0.500
色带	盒	32.86	—	2.000
软盘 3.5″	片	2.60	—	5.000
机械 电瓶车 2.5t	台班	237.47	0.500	—
校验机械使用费	元	—	109.67	164.51

227

工作内容：分系统调试。   单位：系统

编　号				12-895
项　目				分系统调试
预算基价	总　价(元)			**2270.05**
	人　工　费(元)			2025.00
	材　料　费(元)			107.96
	机　械　费(元)			137.09
组　成　内　容		单位	单价	数　　量
人工	综合工	工日	135.00	15.00
材料	软盘 3.5″	片	2.60	3.000
	打印纸 132行	包	61.44	0.500
	色带	盒	32.86	2.000
	诊断盘片 3.5″	片	3.72	1.000
机械	校验机械使用费	元	—	137.09

第十章　楼宇安全防范系统

说　明

一、本章适用范围：新建、改建楼宇（或建筑物）安全防范系统的安装调试。

二、本章设备按成套购置考虑。

三、总线制报警控制器安装是按128路以内考虑的,如超过128路,每增加1路,总线制报警控制器安装基价人工工日乘以系数1.01。

工程量计算规则

一、入侵探测器：依据名称、类别，按设计图示数量计算。

二、入侵报警控制器：依据名称、类别、回路数，按设计图示数量计算。

三、报警中心设备：依据名称、类别，按设计图示数量计算。

四、报警信号传输设备：依据名称、类别、功率，按设计图示数量计算。报警信号接收机安装，依据类别以"系统"为计量单位。

五、出入口目标识别设备：依据名称、类型，按设计图示数量计算。

六、出入口控制设备：依据名称、类型，按设计图示数量计算。

七、出入口执行机构设备：依据名称、类别，按设计图示数量计算。

八、电视监控摄像设备：依据名称、类型、类别，按设计图示数量计算。防护罩依据类别，按设计图示数量计算。摄像机支架安装按设计图示数量计算。

九、视频控制设备：依据名称、类型、回路数，按设计图示数量计算。

十、控制台和监视器柜：依据名称、类型，按设计图示数量计算。

十一、音频、视频及脉冲分配器：依据名称、回路数，按设计图示数量计算。

十二、视频补偿器：依据名称、通道量，按设计图示数量计算。

十三、视频传输设备：依据名称、类型，按设计图示数量计算。

十四、录像、记录设备：依据名称、类型、规格，按设计图示数量计算。

十五、监控中心设备：依据名称、类型、规格，按设计图示数量计算。

十六、CRT 显示终端：依据名称、类型，依设计图示尺寸按面积计算。

十七、模拟盘：依据名称、类型，依设计图示尺寸按面积计算。

十八、安全防范系统：依据名称、类型，按设计图示数量计算。

一、入侵探测器

工作内容： 开箱检查、设备组装、检查基础、画线定位、安装调试。

编　号				12-896	12-897	12-898	12-899	12-900	12-901	12-902	12-903
项　目				门磁开关（套）	窗磁开关（套）	紧急脚踏开关（套）	紧急手动开关（套）	紧急无线脚踏开关（套）	紧急无线手动开关（套）	主动红外探测器（对）	被动红外探测器（套）
预算基价	总　价(元)			**47.00**	**47.00**	**25.38**	**25.38**	**47.00**	**61.42**	**225.57**	**150.14**
	人　工　费(元)			40.50	40.50	20.25	20.25	40.50	54.00	202.50	135.00
	材　料　费(元)			3.76	3.76	3.76	3.76	3.76	3.76	9.36	6.00
	机　械　费(元)			2.74	2.74	1.37	1.37	2.74	3.66	13.71	9.14
组 成 内 容		单位	单价	数　　量							
人工	综合工	工日	135.00	0.30	0.30	0.15	0.15	0.30	0.40	1.50	1.00
材料	松香焊锡丝 D2.3	kg	40.04	0.010	0.010	0.010	0.010	0.010	0.010	0.010	0.010
	焊片 D3.5	个	1.12	3.00	3.00	3.00	3.00	3.00	3.00	8.00	5.00
机械	校验机械使用费	元	—	2.74	2.74	1.37	1.37	2.74	3.66	13.71	9.14

工作内容： 开箱检查、设备组装、检查基础、画线定位、安装调试。

	编　号			12-904	12-905	12-906	12-907	12-908	12-909	12-910	12-911
	项　目			红外幕帘探测器（套）	红外微波双鉴探测器（套）	微波探测器（套）	微波墙式探测器（对）	超声波探测器（套）	激光探测器（一收、一发）（套）	玻璃破碎探测器（套）	振动探测器（套）
预算基价	总　　　价(元)			**265.45**	**265.45**	**222.21**	**225.57**	**222.21**	**225.57**	**294.28**	**222.21**
	人　工　费(元)			243.00	243.00	202.50	202.50	202.50	202.50	270.00	202.50
	材　料　费(元)			6.00	6.00	6.00	9.36	6.00	9.36	6.00	6.00
	机　械　费(元)			16.45	16.45	13.71	13.71	13.71	13.71	18.28	13.71
组　成　内　容		单位	单价	数　　　　量							
人工	综合工	工日	135.00	1.80	1.80	1.50	1.50	1.50	1.50	2.00	1.50
材料	松香焊锡丝 D2.3	kg	40.04	0.010	0.010	0.010	0.010	0.010	0.010	0.010	0.010
	焊片 D3.5	个	1.12	5.00	5.00	5.00	8.00	5.00	8.00	5.00	5.00
机械	校验机械使用费	元	—	16.45	16.45	13.71	13.71	13.71	13.71	18.28	13.71

工作内容：开箱检查、设备组装、检查基础、画线定位、安装调试。 单位：套

编 号				12-912	12-913	12-914	12-915	12-916	12-917
项 目				驻波探测器	泄漏电缆探测器（不含线缆）	感应式探测器（不含线缆）	无线报警探测器	报警声音复核装置（声音探头）	无线传输报警按钮
预算基价	总 价(元)			**222.21**	**222.21**	**222.21**	**207.80**	**144.54**	**57.66**
	人 工 费(元)			202.50	202.50	202.50	189.00	135.00	54.00
	材 料 费(元)			6.00	6.00	6.00	6.00	0.40	—
	机 械 费(元)			13.71	13.71	13.71	12.80	9.14	3.66
组 成 内 容		单位	单价	数 量					
人工	综合工	工日	135.00	1.50	1.50	1.50	1.40	1.00	0.40
材料	松香焊锡丝 *D*2.3	kg	40.04	0.010	0.010	0.010	0.010	0.010	—
	焊片 *D*3.5	个	1.12	5.00	5.00	5.00	5.00	—	—
机械	校验机械使用费	元	—	13.71	13.71	13.71	12.80	9.14	3.66

二、入侵报警控制器

工作内容： 开箱检查、设备组装、检查基础、画线定位、安装调试。 单位：套

编 号				12-918	12-919	12-920	12-921	12-922	12-923
项 目				多线制报警控制器				总线制报警控制器	
				8路	16路	32路	64路	8路	16路
预算基价	总 价(元)			**1172.16**	**1623.62**	**2094.12**	**2602.71**	**883.88**	**1334.55**
	人 工 费(元)			1080.00	1485.00	1890.00	2295.00	810.00	1215.00
	材 料 费(元)			19.04	38.09	76.17	152.34	19.04	37.29
	机 械 费(元)			73.12	100.53	127.95	155.37	54.84	82.26
组 成 内 容		单位	单价	数 量					
人工	综合工	工日	135.00	8.00	11.00	14.00	17.00	6.00	9.00
材料	棉纱	kg	16.11	0.020	0.040	0.080	0.160	0.020	0.040
	松香焊锡丝 *D*2.3	kg	40.04	0.020	0.040	0.080	0.160	0.020	0.020
	焊片 *D*3.5	个	1.12	16.00	32.00	64.00	128.00	16.00	32.00
机械	校验机械使用费	元	—	73.12	100.53	127.95	155.37	54.84	82.26

工作内容：开箱检查、设备组装、检查基础、画线定位、安装调试。

单位：套

编　号			12-924	12-925	12-926	12-927	12-928	12-929
项　目			总线制报警控制器			有线对讲主机		用户机
			34路	64路	128路	8路	16路	
预算基价	总　　价(元)		**1659.30**	**2164.69**	**2458.38**	**865.16**	**1298.07**	**67.50**
	人　工　费(元)		1485.00	1890.00	2295.00	810.00	1215.00	67.50
	材　料　费(元)		73.77	146.74	8.01	0.32	0.81	—
	机　械　费(元)		100.53	127.95	155.37	54.84	82.26	—
组　成　内　容	单位	单价	数　　量					
人工	综合工	工日	135.00	11.00	14.00	17.00	6.00	9.00	0.50
材料	棉纱	kg	16.11	0.080	0.160	0.100	0.020	0.050	—
	松香焊锡丝 *D*2.3	kg	40.04	0.020	0.020	0.020	—	—	—
	焊片 *D*3.5	个	1.12	64.00	128.00	5.00	—	—	—
机械	校验机械使用费	元	—	100.53	127.95	155.37	54.84	82.26	—

237

三、报警中心设备

工作内容： 开箱检查、设备组装、画线定位、安装。

单位：套

编 号				12-930	12-931	12-932
项 目				报警显示设备安装		
				报警灯	警铃	报警警号
预算基价	总 价(元)			**45.95**	**45.95**	**45.95**
	人 工 费(元)			40.50	40.50	40.50
	材 料 费(元)			2.71	2.71	2.71
	机 械 费(元)			2.74	2.74	2.74
组 成 内 容		单位	单价	数 量		
人工	综合工	工日	135.00	0.30	0.30	0.30
材料	塑料胀塞 M6～9	套	0.38	5.00	5.00	5.00
	棉纱	kg	16.11	0.050	0.050	0.050
机械	校验机械使用费	元	—	2.74	2.74	2.74

四、报警信号传输设备

工作内容：开箱检查、设备组装、画线定位、安装调试。

编　号				12-933	12-934	12-935	12-936	12-937	12-938	12-939
项　目				有线报警信号前端传输设备(不含线缆)				报警信号接收机(不含线缆)		
				电话线传输发送器（套）	电源线传输发送器（套）	专线传输发送器（套）	网络传输接口（套）	专线传输接收机（系统）	电话线接收机（系统）	电源线接收机（系统）
预算基价	总　　价(元)			**433.23**	**649.44**	**865.65**	**72.07**	**505.30**	**505.30**	**649.44**
	人　工　费(元)			405.00	607.50	810.00	67.50	472.50	472.50	607.50
	材　料　费(元)			0.81	0.81	0.81	—	0.81	0.81	0.81
	机　械　费(元)			27.42	41.13	54.84	4.57	31.99	31.99	41.13
组　成　内　容		单位	单价	数　　量						
人工	综合工	工日	135.00	3.00	4.50	6.00	0.50	3.50	3.50	4.50
材料	棉纱	kg	16.11	0.050	0.050	0.050	—	0.050	0.050	0.050
机械	校验机械使用费	元	—	27.42	41.13	54.84	4.57	31.99	31.99	41.13

工作内容：开箱检查、搬运安装、功能检查、性能测试、通信试验。

单位：套

编　号			12-940	12-941	12-942
项　目			无线报警发送、接收设备		
			发送设备2W以内	发送设备5W以内	无线报警接收设备
预算基价	总　价(元)		**288.28**	**648.63**	**540.00**
	人　工　费(元)		270.00	607.50	540.00
	机　械　费(元)		18.28	41.13	—
组　成　内　容	单位	单价	数　量		
人工	综合工	工日	135.00	2.00	4.50	4.00
机械	校验机械使用费	元	—	18.28	41.13	—

五、出入口目标识别设备安装

工作内容： 开箱检查、设备初验、安装设备、调整、系统调试。

单位：台

编　号			12-943	12-944
项　目			读卡器	键盘
预算基价	总　　价(元)		**289.83**	**145.69**
	人　工　费(元)		270.00	135.00
	材　料　费(元)		1.55	1.55
	机　械　费(元)		18.28	9.14
组　成　内　容	单位	单价	数　　量	
人工 综合工	工日	135.00	2.00	1.00
材料 膨胀螺栓 M5	套	0.38	4.08	4.08
机械 校验机械使用费	元	—	18.28	9.14

六、出入口控制设备安装

工作内容： 开箱检查、设备初验、安装设备、调整。

单位：台

编　号			12-945	12-946	12-947	12-948	12-949
项　目			门禁控制器				
			单门	双门	四门	八门	十六门
预算基价	总　价(元)		**148.51**	**292.94**	**509.43**	**870.07**	**1447.21**
	人　工　费(元)		135.00	270.00	472.50	810.00	1350.00
	材　料　费(元)		4.37	4.66	4.94	5.23	5.81
	机　械　费(元)		9.14	18.28	31.99	54.84	91.40
组成内容	单位	单价	数　量				
人工 综合工	工日	135.00	1.00	2.00	3.50	6.00	10.00
材料 膨胀螺栓 M5	套	0.38	4.08	4.08	4.08	4.08	4.08
膨胀螺栓 M8	套	0.55	4.08	4.08	4.08	4.08	4.08
脱脂棉	kg	28.74	0.020	0.030	0.040	0.050	0.070
机械 校验机械使用费	元	—	9.14	18.28	31.99	54.84	91.40

七、出入口执行机构设备安装

工作内容： 开箱检查、设备初验、安装设备、调整、系统调试。

单位：台

编　号			12-950	12-951	12-952
项　目			电控锁	电磁吸力锁	自动闭门器
预算基价	总　　价(元)		**288.28**	**361.90**	**217.76**
	人　工　费(元)		270.00	337.50	202.50
	材　料　费(元)		—	1.55	1.55
	机　械　费(元)		18.28	22.85	13.71
组　成　内　容	单位	单价	数　　量		
人工 综合工	工日	135.00	2.00	2.50	1.50
材料 自攻螺钉 M5×25	个	0.10	—	4.08	4.08
自攻螺钉 M8×35	个	0.18	—	4.080	4.080
自攻螺钉 M10×（30～50）	个	0.20	—	2.04	2.04
机械 校验机械使用费	元	—	18.28	22.85	13.71

八、电视监控摄像设备

工作内容： 开箱检验、设备组装、检查基础、安装设备、调试设备、试运行。

单位：台

编　号			12-953	12-954	12-955	12-956	12-957	12-958	12-959	12-960	12-961	12-962
项　目			摄像设备安装									
			黑白CCD带定焦镜头	黑白CCD带电动变焦镜头	彩色CCD带定焦镜头	彩色CCD带电动变焦镜头	带红外光源CCD	微光摄像机	球形一体机	带预置球形一体机	摄像一体机	照明灯（含红外灯）
预算基价	总　　　价(元)		**173.79**	**202.62**	**188.20**	**217.03**	**288.85**	**361.11**	**216.97**	**289.04**	**217.03**	**43.81**
	人　工　费(元)		162.00	189.00	175.50	202.50	270.00	337.50	202.50	270.00	202.50	40.50
	材　料　费(元)		0.82	0.82	0.82	0.82	0.57	0.76	0.76	0.76	0.82	0.57
	机　械　费(元)		10.97	12.80	11.88	13.71	18.28	22.85	13.71	18.28	13.71	2.74
组　成　内　容		单位	单价	数　　量								
人工	综合工	工日	135.00	1.20	1.40	1.30	1.50	2.00	2.50	1.50	2.00	1.50	0.30
材料	酒精	kg	6.06	0.040	0.040	0.040	0.040	—	0.030	0.030	0.030	0.040	—
	脱脂棉	kg	28.74	0.020	0.020	0.020	0.020	0.020	0.020	0.020	0.020	0.020	0.020
机械	校验机械使用费	元	—	10.97	12.80	11.88	13.71	18.28	22.85	13.71	18.28	13.71	2.74

工作内容：开箱检查、设备组装、安装设备、调试设备、试运行。

单位：台

编　号				12-963	12-964	12-965	12-966	12-967	12-968
项　目				镜头安装					
				定焦距镜头		变焦变倍镜头		小孔镜头	
				手动 光圈镜头	自动 光圈镜头	自动光圈	电动光圈	明装	隐蔽安装
预算基价	总　价(元)			**29.76**	**29.76**	**73.18**	**87.59**	**174.38**	**289.69**
	人　工　费(元)			27.00	27.00	67.50	81.00	162.00	270.00
	材　料　费(元)			0.93	0.93	1.11	1.11	1.41	1.41
	机　械　费(元)			1.83	1.83	4.57	5.48	10.97	18.28
组成内容		单位	单价	数　量					
人工	综合工	工日	135.00	0.20	0.20	0.50	0.60	1.20	2.00
材料	酒精	kg	6.06	0.020	0.020	0.050	0.050	0.100	0.100
	棉纱	kg	16.11	0.050	0.050	0.050	0.050	0.050	0.050
机械	校验机械使用费	元	—	1.83	1.83	4.57	5.48	10.97	18.28

工作内容： 1.云台、防护罩安装：开箱检查、设备初验、基础清理、打孔安装、找正调整、接线、试运行。 2.全天候防护罩、防爆防护罩、摄像机支架安装：设备开箱、清点、检测、现场画线、定位、安装。

编　号			12-969	12-970	12-971	12-972	12-973	12-974	12-975	12-976	12-977
项　目			辅助机械设备安装								
			云台			防护罩				支架	
			电动云台		快速云台（含球形防护罩）	普通防护罩	密封防护罩	全天候防护罩	防爆防护罩	壁式摄像机支架	悬挂式摄像机支架
			≤8kg（台）	≤25kg（台）	（台）	（套）	（套）	（套）	（套）	（个）	（个）
预算基价	总　价(元)		**218.81**	**277.80**	**277.80**	**42.74**	**83.24**	**138.05**	**165.61**	**144.29**	**211.79**
	人工费(元)		216.00	270.00	270.00	40.50	81.00	135.00	162.00	135.00	202.50
	材料费(元)		2.81	7.80	7.80	2.24	2.24	3.05	3.61	9.29	9.29
组成内容	单位	单价	数　量								
人工　综合工	工日	135.00	1.60	2.00	2.00	0.30	0.60	1.00	1.20	1.00	1.50
材料　膨胀螺栓 M8	套	0.55	5.100	—	—	4.080	4.080	4.080	5.100	4.080	4.080
膨胀螺栓 M10	套	1.53	—	5.100	5.100	—	—	—	—	4.080	4.080
棉纱	kg	16.11	—	—	—	—	—	0.050	0.050	0.050	0.050

九、视频控制设备

工作内容： 开箱检查、设备初验、检查基础、安装设备、找正调整、调试设备、试运行。

单位：台

编 号				12-978	12-979	12-980	12-981	12-982	12-983	12-984	12-985
项 目				云台控制器	视频切换器	微机矩阵切换设备					
						路以内					
						8	16	32	64	128	256
预算基价	总 价(元)			**174.12**	**72.64**	**289.14**	**433.57**	**722.13**	**1154.84**	**1587.54**	**2164.96**
	人 工 费(元)			162.00	67.50	270.00	405.00	675.00	1080.00	1485.00	2025.00
	材 料 费(元)			1.15	0.57	0.86	1.15	1.43	1.72	2.01	2.87
	机 械 费(元)			10.97	4.57	18.28	27.42	45.70	73.12	100.53	137.09
组 成 内 容		单位	单价	数 量							
人工	综合工	工日	135.00	1.20	0.50	2.00	3.00	5.00	8.00	11.00	15.00
材料	螺栓 M5	套	0.14	4.080	—	4.080	4.080	4.080	4.080	4.080	4.080
	脱脂棉	kg	28.74	0.020	0.020	0.010	0.020	0.030	0.040	0.050	0.080
机械	校验机械使用费	元	—	10.97	4.57	18.28	27.42	45.70	73.12	100.53	137.09

247

十、控制台和监视器柜

工作内容：设备开箱、检查、现场二次搬运、画线、定位、找平找正、固定、接地。

单位：台

编 号				12-986	12-987	12-988	12-989
项 目				单联控制台机架	双联控制台机架	监视器柜	监视器吊架
预算基价	总 价(元)			**202.50**	**270.00**	**121.50**	**143.49**
	人 工 费(元)			202.50	270.00	121.50	135.00
	材 料 费(元)			—	—	—	8.49
组 成 内 容		单位	单价	数 量			
人工	综合工	工日	135.00	1.50	2.00	0.90	1.00
材料	膨胀螺栓 M8	套	0.55	—	—	—	4.080
	膨胀螺栓 M10	套	1.53	—	—	—	4.080

十一、音频、视频及脉冲分配器

工作内容：开箱检查、设备初验、检查基础、安装设备、调试设备、试运行。

单位：台

编　号				12-990	12-991	12-992
项　目				路以内		
				6	12	24
预算基价	总　　　价(元)			**217.02**	**289.09**	**433.23**
	人　工　费(元)			202.50	270.00	405.00
	材　料　费(元)			0.81	0.81	0.81
	机　械　费(元)			13.71	18.28	27.42
组　成　内　容		单位	单价	数　　　量		
人工	综合工	工日	135.00	1.50	2.00	3.00
材料	棉纱	kg	16.11	0.050	0.050	0.050
机械	校验机械使用费	元	—	13.71	18.28	27.42

十二、视频补偿器

工作内容： 开箱检查、设备初验、检查基础、安装设备、调试设备、试运行。

单位：台

编　号				12-993	12-994
项　目				单通道	4～6通道
预算基价	总　　价(元)			**87.63**	**217.36**
	人　工　费(元)			81.00	202.50
	材　料　费(元)			1.15	1.15
	机　械　费(元)			5.48	13.71
组 成 内 容		单位	单价	数　　　量	
人工	综合工	工日	135.00	0.60	1.50
材料	螺栓 M5	套	0.14	4.080	4.080
	脱脂棉	kg	28.74	0.020	0.020
机械	校验机械使用费	元	—	5.48	13.71

十三、视频传输设备安装

工作内容：开箱检查、设备初验、检查基础、安装设备、调试设备、试运行。

单位：台

	编　号			12-995	12-996	12-997
	项　　目			多路遥控发射设备	接收设备	解码驱动器
预算基价	总　　价(元)			**577.94**	**433.80**	**88.00**
	人　工　费(元)			540.00	405.00	81.00
	材　料　费(元)			1.38	1.38	1.52
	机　械　费(元)			36.56	27.42	5.48
	组　成　内　容	单位	单价	数　　　　量		
人工	综合工	工日	135.00	4.00	3.00	0.60
材料	螺栓 M5	套	0.14	4.080	4.080	5.100
	棉纱	kg	16.11	0.050	0.050	0.050
机械	校验机械使用费	元	—	36.56	27.42	5.48

十四、录像、记录设备

工作内容： 开箱检查、设备初验、检查基础、安装设备、调试设备。

单位：台

编　号			12-998	12-999	12-1000	12-1001	12-1002	12-1003	12-1004	12-1005	12-1006	12-1007
项　目			录像机1″/2		录像机3″/4		录像设备					视频打印机
			不带编辑机	带编辑机	不带编辑机	带编辑机	时滞录像机	磁带录像机	数字录像机			
									4路输入	8路输入	16路输入	
预算基价	总　价(元)		**95.68**	**203.68**	**136.18**	**271.18**	**94.50**	**86.48**	**288.28**	**576.56**	**864.84**	**135.00**
	人　工　费(元)		94.50	202.50	135.00	270.00	94.50	81.00	270.00	540.00	810.00	135.00
	材　料　费(元)		1.18	1.18	1.18	1.18	—	—	—	—	—	—
	机　械　费(元)		—	—	—	—	—	5.48	18.28	36.56	54.84	—
组　成　内　容	单位	单价	数　　量									
人工	综合工	工日	135.00	0.70	1.50	1.00	2.00	0.70	0.60	2.00	4.00	6.00	1.00
材料	酒精	kg	6.06	0.100	0.100	0.100	0.100	—	—	—	—	—	—
	脱脂棉	kg	28.74	0.020	0.020	0.020	0.020	—	—	—	—	—	—
机械	校验机械使用费	元	—	—	—	—	—	—	5.48	18.28	36.56	54.84	—

十五、监控中心设备

工作内容：开箱检查、设备初验、检查基础、安装设备、调试设备、试运行。

单位：台

编　号				12-1008	12-1009	12-1010	12-1011	12-1012
项　目				监视器安装、调试（cm）			中心控制器安装、调试	主控键盘安装、调试
				≤37	≤56	＞56		
预算基价	总　　价（元）			203.79	261.44	290.27	271.99	204.49
	人　工　费（元）			189.00	243.00	270.00	270.00	202.50
	材　料　费（元）			1.99	1.99	1.99	1.99	1.99
	机　械　费（元）			12.80	16.45	18.28	—	—
组成内容		单位	单价	数　　量				
人工	综合工	工日	135.00	1.40	1.80	2.00	2.00	1.50
材料	酒精	kg	6.06	0.100	0.100	0.100	0.100	0.100
	棉纱	kg	16.11	0.050	0.050	0.050	0.050	0.050
	脱脂棉	kg	28.74	0.020	0.020	0.020	0.020	0.020
机械	校验机械使用费	元	—	12.80	16.45	18.28	—	—

十六、CRT显示终端

工作内容： 开箱检查、设备初验、定位安装、调试、试运行。

单位：m²

编　　号				12-1013
项　　目				液晶显示屏
预算基价	总　　价(元)			**907.15**
	人　工　费(元)			810.00
	材　料　费(元)			0.57
	机　械　费(元)			96.58
组 成 内 容		单位	单价	数　　量
人工	综合工	工日	135.00	6.00
材料	脱脂棉	kg	28.74	0.020
机械	载货汽车 4t	台班	417.41	0.100
	校验机械使用费	元	—	54.84

十七、模 拟 盘

工作内容：开箱检查、设备初验、定位安装、调试、试运行。

单位：m²

编　号					12-1014
项　目					监控模拟盘
预算基价	总　价(元)				**763.01**
	人 工 费(元)				675.00
	材 料 费(元)				0.57
	机 械 费(元)				87.44
组 成 内 容		单位	单价	数　量	
人工	综合工	工日	135.00	5.00	
材料	脱脂棉	kg	28.74	0.020	
机械	载货汽车 4t	台班	417.41	0.100	
	校验机械使用费	元	—	45.70	

十八、安全防范分系统

工作内容:工作准备、指标测试、功能测试。

编 号			12-1015	12-1016	12-1017	12-1018	12-1019	12-1020
项 目			安全防范分系统调试					
			入侵报警系统	出入口系统				电视监控系统
			每1个点 (系统)	双门 (系统)	四门 (系统)	八门 (系统)	十六门 (系统)	摄像机 (台)
预算基价	总 价(元)		**115.88**	**230.62**	**374.76**	**663.04**	**1008.98**	**72.64**
	人 工 费(元)		108.00	216.00	351.00	621.00	945.00	67.50
	材 料 费(元)		0.57	—	—	—	—	0.57
	机 械 费(元)		7.31	14.62	23.76	42.04	63.98	4.57
组 成 内 容	单位	单价	数 量					
人工 综合工	工日	135.00	0.80	1.60	2.60	4.60	7.00	0.50
材料 脱脂棉	kg	28.74	0.020	—	—	—	—	0.020
机械 校验机械使用费	元	—	7.31	14.62	23.76	42.04	63.98	4.57

工作内容: 按工程规范要求,测试各项技术指标的稳定性、可靠性。 **单位:** 系统

编　号				12-1021	12-1022	12-1023
项　目				安全防范系统工程试运行		
				入侵报警系统	出入口系统	电视监控系统
预算基价	总　　价(元)			**6486.28**	**6486.28**	**6486.28**
	人　工　费(元)			6075.00	6075.00	6075.00
	机　械　费(元)			411.28	411.28	411.28
组　成　内　容		单位	单价	数　　　量		
人工	综合工	工日	135.00	45.00	45.00	45.00
机械	校验机械使用费	元	—	411.28	411.28	411.28

第十一章　电源与电子设备防雷接地装置

说　　明

一、本章适用范围：弱电系统设备自主配置的电源,包括柴油发电机组、开关电源。防雷、接地适用于电子设备防雷、接地安装工程。

二、安装柴油发电机组基价不包括设备基础。

三、本章防雷、接地装置按成套供应考虑。

四、安装柴油发电机组排气系统所用镀锌钢管、U形钢、90°弯头、法兰盘、法兰螺栓、紧固螺栓、膨胀螺栓等主要材料依设计按实计列。

工程量计算规则

一、柴油发电机组：依据规格、型号、容量，按设计图示数量计算。附属设备安装依据名称、规格，按设计图示数量计算。

二、开关电源：依据规格、型号、容量，按设计图示数量计算。

三、整流器：依据规格、型号、容量，按设计图示数量计算。

四、其他配电设备：依据名称、规格，按设计图示数量计算。

五、天线铁塔避雷装置：依据名称、规格，按设计图示数量计算。

六、电子设备防雷接地设备：依据名称、规格，按设计图示数量计算。

一、柴油发电机组及附属设备

工作内容： 现场搬运、开箱检验、安装固定、稳机找平、试车（10h）等。

单位：组

编　号			12-1024	12-1025	12-1026	12-1027	12-1028	12-1029	12-1030	12-1031
项　目			柴油发电机组安装							800kW 以外
			kW以内							
			30	75	120	200	300	500	800	
预算基价	总　　价(元)		**2238.81**	**3207.38**	**3564.65**	**4347.42**	**5068.11**	**7368.58**	**9703.80**	**12220.47**
	人　工　费(元)		2025.00	2910.60	3159.00	3712.50	4387.50	6542.10	8370.00	10727.10
	机　械　费(元)		213.81	296.78	405.65	634.92	680.61	826.48	1333.80	1493.37
组　成　内　容	单位	单价	数　　量							
人工 综合工	工日	135.00	15.00	21.56	23.40	27.50	32.50	48.46	62.00	79.46
机械 汽车式起重机 8t	台班	767.15	0.1000	0.1300	0.2500	0.5000	0.5000	0.5000	1.0000	1.0000
校验机械使用费	元	—	137.09	197.05	213.86	251.34	297.03	442.90	566.65	726.22

工作内容：1.安装排气系统:清点材料、丈量尺寸、排气管加工套丝(或焊接)、焊法兰盘、垫石棉垫、安装固定(含吊挂)、安装波纹管及消声器等。2.安装燃油箱、机油箱:开箱检验,清洁搬运,安装支架,安装固定箱体、油泵,系统调试等。

单位：套

编　号			12-1032	12-1033	12-1034	12-1035	12-1036	12-1037
项　目			附属设备安装					
			机组体外排气系统				燃油箱	机油箱
			120kW以内	500kW以内	800kW以内	800kW以外		
预算基价	总　价(元)		**945.00**	**1215.00**	**1485.00**	**1755.00**	**1632.26**	**1767.26**
	人　工　费(元)		945.00	1215.00	1485.00	1755.00	1620.00	1755.00
	材　料　费(元)		—	—	—	—	12.26	12.26
组　成　内　容	单位	单价	数　　量					
人工	综合工	工日	135.00	7.00	9.00	11.00	13.00	12.00	13.00
材料	膨胀螺栓 M10	套	1.53	—	—	—	—	4.080	4.080
	镀锌精制六角带帽螺栓 M8×30	套	0.59	—	—	—	—	10.200	10.200

二、开 关 电 源

工作内容： 开箱检验、清洁搬运、画线定位、安装固定、调整垂直及水平、安装附件、绝缘测试、通电前检查、单机主要电气性能调试等。

编 号			12-1038	12-1039	12-1040	12-1041	12-1042	12-1043	12-1044
项 目			开关电源安装					整流模块安装（块）	系统调试（台）
			A以内						
			50（台）	100（台）	200（台）	600（台）	1200（台）		
预算基价	总 价（元）		**297.12**	**369.19**	**441.26**	**513.33**	**585.40**	**135.81**	**433.23**
	人 工 费（元）		270.00	337.50	405.00	472.50	540.00	135.00	405.00
	材 料 费（元）		8.84	8.84	8.84	8.84	8.84	0.81	0.81
	机 械 费（元）		18.28	22.85	27.42	31.99	36.56	—	27.42
组 成 内 容	单位	单价	数 量						
人工 综合工	工日	135.00	2.00	2.50	3.00	3.50	4.00	1.00	3.00
材料 地脚螺栓 M12×160	套	1.97	4.08	4.08	4.08	4.08	4.08	—	—
棉纱	kg	16.11	0.050	0.050	0.050	0.050	0.050	0.050	0.050
机械 校验机械使用费	元	—	18.28	22.85	27.42	31.99	36.56	—	27.42

三、整 流 器

工作内容：开箱、清点、安装调试。

单位：台

编　号			12-1045	12-1046	12-1047	12-1048	12-1049	12-1050	12-1051	12-1052
项　目			可控硅整流器				硅整流器			
			48V/30A	48V/60A	≤48V/200A	≤48V/400A	kW以内			
							10	14	27	54
预算基价	总　　价(元)		**216.21**	**288.28**	**504.49**	**1222.75**	**172.97**	**201.80**	**230.62**	**259.45**
	人 工 费(元)		202.50	270.00	472.50	540.00	162.00	189.00	216.00	243.00
	材 料 费(元)		—	—	—	646.19	—	—	—	—
	机 械 费(元)		13.71	18.28	31.99	36.56	10.97	12.80	14.62	16.45
组 成 内 容		单位	单价	数　　量						
人工	综合工	工日	135.00	1.50	2.00	3.50	4.00	1.20	1.40	1.60	1.80
材料	铜接线端子 DT-400mm^2	个	79.19	—	—	—	8.16	—	—	—	—
机械	校验机械使用费	元	—	13.71	18.28	31.99	36.56	10.97	12.80	14.62	16.45

266

四、其他配电设备

工作内容： 开箱检验、清洁搬运、画线定位、安装固定、补充注油等。

编　号			12-1053	12-1054	12-1055	12-1056	12-1057
项　目			调压器		组合变换器	变换器	电子交流稳压器
			100kV·A以内（台）	500kV·A以内（台）	400W以内（盘）	400W以外（架）	（台）
预算基价	总　　　价（元）		**576.56**	**864.84**	**216.21**	**540.00**	**288.28**
	人　工　费（元）		540.00	810.00	202.50	540.00	270.00
	机　械　费（元）		36.56	54.84	13.71	—	18.28
组 成 内 容		单位	单价	数　　量			
人工	综合工	工日	135.00	4.00	6.00	1.50	4.00	2.00
机械	校验机械使用费	元	—	36.56	54.84	13.71	—	18.28

五、天线铁塔避雷装置

工作内容：安装、焊接、固定、涂漆。

单位：处

编 号			12-1058	12-1059	12-1060
项 目			避雷针	消雷器2t以内	波导馈线接地
预算基价	总　价(元)		**421.09**	**279.00**	**196.09**
	人 工 费(元)		382.05	270.00	135.00
	材 料 费(元)		27.60	9.00	49.65
	机 械 费(元)		11.44	—	11.44
组 成 内 容	单位	单价	数　量		
人工 综合工	工日	135.00	2.83	2.00	1.00
材料 避雷针 7m	根	—	(1.000)	—	—
U形螺栓带帽 M8	套	6.41	4.08	—	—
镀锌六角头螺栓带帽 M16×（70～75）	套	1.47	—	6.120	—
结构钢焊条 E4303 D4.0	kg	5.80	0.250	—	0.250
热轧扁钢 A34×40	m	4.59	—	—	10.500
机械 交流弧焊机 32kV·A	台班	87.97	0.130	—	0.130

六、电子设备防雷接地装置

工作内容： 开箱、检查、打孔、固定、安装、接线、检验。

单位：个

编　号			12-1061	12-1062	12-1063	12-1064	12-1065
项　　目			中长波通信站 天馈避雷器	短波通信站 （双极）避雷器	超短波通信站 （单极）避雷器	微波通信站 避雷器	无线寻呼 发讯站避雷器
			雷电通流				
			8/20μs 10kA		8/20μs 8kA		
预算基价	总　　价(元)		**125.64**	**111.22**	**111.22**	**111.22**	**44.05**
	人　工　费(元)		54.00	40.50	40.50	40.50	40.50
	材　料　费(元)		67.98	67.98	67.98	67.98	0.81
	机　械　费(元)		3.66	2.74	2.74	2.74	2.74
组　成　内　容	单位	单价	数　　量				
人工	综合工	工日	135.00	0.40	0.30	0.30	0.30	0.30
材料	钢线卡子 D9	个	3.27	20.20	20.20	20.20	20.20	—
	膨胀螺栓 M8	套	0.55	2.040	2.040	2.040	2.040	—
	棉纱	kg	16.11	0.050	0.050	0.050	0.050	0.050
机械	校验机械使用费	元	—	3.66	2.74	2.74	2.74	2.74

工作内容： 开箱、检查、打孔、固定、安装、接线、检验。

单位：个

编　　号			12-1066	12-1067	12-1068	12-1069	12-1070	12-1071
项　　目			卫星地球站避雷器	新结构超短波通信站避雷器	移动电话通信基站避雷器	共用天线避雷器	干线电路避雷器	大功率天馈避雷器
			雷电通流					
			8/20μs 8kA		8/20μs 5kA			8/20μs 16kA
预算基价	总　　　价(元)		**36.84**	**36.84**	**102.89**	**102.89**	**111.22**	**59.03**
	人　工　费(元)		33.75	33.75	33.75	33.75	40.50	54.00
	材　料　费(元)		0.81	0.81	66.86	66.86	67.98	1.37
	机　械　费(元)		2.28	2.28	2.28	2.28	2.74	3.66
组　成　内　容	单位	单价	数　　　量					
人工	综合工	工日	135.00	0.25	0.25	0.25	0.25	0.30	0.40
材料	棉纱	kg	16.11	0.050	0.050	0.050	0.050	0.050	0.050
	钢线卡子 *D9*	个	3.27	—	—	20.20	20.20	20.20	—
	膨胀螺栓 M8	套	0.55	—	—	—	—	2.040	1.020
机械	校验机械使用费	元	—	2.28	2.28	2.28	2.28	2.74	3.66

工作内容：开箱、检查、安装、固定、接线、检验。

单位：个

编 号				12-1072	12-1073	12-1074	12-1075	12-1076
项 目				计算机信号避雷器	组合型调制解调器避雷器	组合型计算机信号避雷器	程控电话信号避雷器	
				雷电通流				
				8/20μs 1kA	8/20μs 1.5kA	8/20μs 1.5kA	8/20μs 2.5kA	8/20μs 5.0kA
预算基价	总 价(元)			**22.43**	**72.88**	**87.29**	**22.43**	**29.64**
	人 工 费(元)			20.25	67.50	81.00	20.25	27.00
	材 料 费(元)			0.81	0.81	0.81	0.81	0.81
	机 械 费(元)			1.37	4.57	5.48	1.37	1.83
组 成 内 容		单位	单价	数 量				
人工	综合工	工日	135.00	0.15	0.50	0.60	0.15	0.20
材料	棉纱	kg	16.11	0.050	0.050	0.050	0.050	0.050
机械	校验机械使用费	元	—	1.37	4.57	5.48	1.37	1.83

工作内容:检查、画线、打孔、安装、固定、接线、检验。

单位:个

编 号			12-1077	12-1078	12-1079	12-1080	12-1081	12-1082	12-1083	12-1084
项 目			用户天线避雷器	电视摄像头避雷器	云台控制、报警信号、音频对讲信号避雷器	传真机避雷器	接口双绞线防雷器	同轴线防雷器	地极保护器	防雷箱
			雷电通流							
			8/20μs 2.5kA	8/20μs 1kA	8/20μs 1.5kA	8/20μs 0.6kA	8/20μs 7.5kA	8/20μs 15kA	8/20μs 100kA	10/350μs 125kA
预算基价	总 价(元)		**61.68**	**61.68**	**46.15**	**46.15**	**29.64**	**29.64**	**44.05**	**144.95**
	人 工 费(元)		40.50	40.50	27.00	27.00	27.00	27.00	40.50	135.00
	材 料 费(元)		18.44	18.44	17.32	17.32	0.81	0.81	0.81	0.81
	机 械 费(元)		2.74	2.74	1.83	1.83	1.83	1.83	2.74	9.14
组 成 内 容	单位	单价	数 量							
人工	综合工	工日	135.00	0.30	0.30	0.20	0.20	0.20	0.20	0.30	1.00
材料	钢线卡子 D9	个	3.27	5.05	5.05	5.05	5.05	—	—	—	—
	膨胀螺栓 M8	套	0.55	2.040	2.040	—	—	—	—	—	—
	棉纱	kg	16.11	0.050	0.050	0.050	0.050	0.050	0.050	0.050	0.050
机械	校验机械使用费	元	—	2.74	2.74	1.83	1.83	1.83	1.83	2.74	9.14

工作内容：开箱、检查、画线、打孔、安装、固定、接线、检验。

单位：台

编　号			12-1085	12-1086	12-1087	12-1088
项　目			用户总电源避雷器		用户分电源避雷器	
			220V	380V	220V	380V
			雷电通流			
			8/20μs 60kA	8/20μs 60kA	8/20μs 20kA	8/20μs 60kA
预算基价	总　　价(元)		**61.34**	**61.34**	**45.73**	**52.94**
	人　工　费(元)		54.00	54.00	40.50	47.25
	材　料　费(元)		3.68	3.68	2.49	2.49
	机　械　费(元)		3.66	3.66	2.74	3.20
组 成 内 容		单位	单价	数　　量		
人工	综合工	工日	135.00	0.40	0.40	0.30	0.35
材料	膨胀螺栓 M6	套	0.44	4.080	4.080	2.040	2.040
	热缩套管 7×220	m	1.43	0.15	0.15	0.10	0.10
	黄蜡管 DN16	m	2.15	0.400	0.400	0.300	0.300
	棉纱	kg	16.11	0.050	0.050	0.050	0.050
机械	校验机械使用费	元	—	3.66	3.66	2.74	3.20

工作内容： 开箱、检查、画线、打孔、安装、固定、防腐、检验。　　　　　　　　　　　　　　　　　　　**单位：台**

编　号				12-1089	12-1090	12-1091	12-1092
项　目				单机电源避雷器	直流电源避雷器	隔离避雷器	立柱形优化避雷器
				雷电通流			
				8/20μs 10kA	8/20μs 5kA	8/20μs 20kA	8/20μs 200kA
预算基价	总　　价(元)			**30.23**	**37.43**	**37.43**	**612.87**
	人　工　费(元)			27.00	33.75	33.75	540.00
	材　料　费(元)			1.40	1.40	1.40	6.12
	机　械　费(元)			1.83	2.28	2.28	66.75
组　成　内　容		单位	单价	数　　量			
人工	综合工	工日	135.00	0.20	0.25	0.25	4.00
材料	膨胀螺栓 M6	套	0.44	1.020	1.020	1.020	—
	热缩套管 7×220	m	1.43	0.10	0.10	0.10	—
	棉纱	kg	16.11	0.050	0.050	0.050	0.050
	电焊条 E4303	kg	7.59	—	—	—	0.70
机械	交流弧焊机 21kV·A	台班	60.37	—	—	—	0.500
	校验机械使用费	元	—	1.83	2.28	2.28	36.56

工作内容:检查、埋设、防腐、检验。

编 号			12-1093	12-1094	12-1095	12-1096
项 目			接地模块(mm以内)			
			$\phi 100 \times 500$	$\phi 150 \times 800$	$\phi 260 \times 1000$	$500 \times 400 \times 60$
预算基价	总 价(元)		**325.91**	**355.12**	**390.36**	**339.13**
	人 工 费(元)		270.00	297.00	324.00	270.00
	材 料 费(元)		25.56	25.94	26.32	26.70
	机 械 费(元)		30.35	32.18	40.04	42.43
组 成 内 容	单位	单价	数 量			
人工 综合工	工日	135.00	2.00	2.20	2.40	2.00
材料 镀锌扁钢 40×4	kg	4.51	5.00	5.00	5.00	5.00
沥青清漆	kg	6.89	0.100	0.100	0.100	0.100
电焊条 E4303	kg	7.59	0.20	0.25	0.30	0.35
棉纱	kg	16.11	0.050	0.050	0.050	0.050
机械 交流弧焊机 21kV·A	台班	60.37	0.200	0.200	0.300	0.400
校验机械使用费	元	—	18.28	20.11	21.93	18.28

275

附　录

附录一 材料价格

说 明

一、本附录材料价格为不含税价格,是确定预算基价子目中材料费的基期价格。

二、材料价格由材料采购价、运杂费、运输损耗费和采购及保管费组成。计算公式如下:

采购价为供货地点交货价格:

$$材料价格 ＝（采购价 ＋ 运杂费）×（1＋ 运输损耗率）×（1＋ 采购及保管费费率）$$

采购价为施工现场交货价格:

$$材料价格 ＝ 采购价 ×（1＋ 采购及保管费费率）$$

三、运杂费指材料由供货地点运至工地仓库(或现场指定堆放地点)所发生的全部费用。运输损耗指材料在运输装卸过程中不可避免的损耗,材料损耗率如下表:

材料损耗率表

材 料 类 别	损 耗 率
页岩标砖、空心砖、砂、水泥、陶粒、耐火土、水泥地面砖、白瓷砖、卫生洁具、玻璃灯罩	1.0%
机制瓦、脊瓦、水泥瓦	3.0%
石棉瓦、石子、黄土、耐火砖、玻璃、色石子、大理石板、水磨石板、混凝土管、缸瓦管	0.5%
砌块、白灰	1.5%

注:表中未列的材料类别,不计损耗。

四、采购及保管费是指为组织采购、供应和保管材料、工程设备的过程中所需要的各项费用。采购及保管费费率按0.42%计取。

五、附录中材料价格是编制期天津市建筑材料市场综合取定的施工现场交货价格,并考虑了采购及保管费。

六、采用简易计税方法计取增值税时,材料的含税价格按照税务部门有关规定计算,以"元"为单位的材料费按系数1.1086调整。

材料价格表

序号	材 料 名 称	规 格	单 位	单 价 （元）
1	水泥	32.5级	kg	0.36
2	砂子	—	kg	0.09
3	板枋材	—	m³	2001.17
4	三合板	各种规格	m²	20.88
5	镀锌钢丝	$D1.2\sim2.2$	kg	7.13
6	镀锌钢丝	$D2.8\sim4.0$	kg	6.91
7	镀锌钢丝	$D4.0$	kg	7.08
8	镀锌钢丝绳	1×7 $D2.6\sim7.8$	kg	7.01
9	镀锌钢绞线	—	kg	6.31
10	圆钢	A3 $D10$	kg	3.91
11	镀锌扁钢	25×4	kg	4.54
12	镀锌扁钢	40×4	kg	4.51
13	热轧角钢	$40\times(3\sim4)$	kg	3.76
14	热轧角钢	63	kg	3.67
15	热轧扁钢	$A34\times40$	m	4.59
16	镀锌钢管	$DN32$	kg	4.86
17	平顶射钉	螺纹	个	0.93
18	结构钢焊条	E4303 $D4.0$	kg	5.80
19	电焊条	E4303（综合）	kg	7.59
20	松香焊锡丝	$D2.3$	kg	40.04
21	焊片	$D3.5$	个	1.12
22	镀锌螺钉	$M6\times25$	个	0.20
23	自攻螺钉	$M5\times25$	个	0.10
24	自攻螺钉	$M6\times25$	个	0.10
25	自攻螺钉	$M6\times30$	个	0.11

序 号	材 料 名 称	规 格	单 位	单 价（元）
26	自攻螺钉	M6×35	个	0.12
27	自攻螺钉	M6×40	个	0.15
28	自攻螺钉	M6×45	个	0.16
29	自攻螺钉	M8×35	个	0.18
30	自攻螺钉	M10×（30～50）	个	0.20
31	木螺钉	M6	个	0.13
32	木螺钉	M8	个	0.20
33	螺栓	M5	套	0.14
34	螺栓	M10	套	0.56
35	双头带母螺栓	M20×65	套	1.45
36	镀锌精制六角带帽螺栓	M8×30	套	0.59
37	镀锌精制六角带帽螺栓	M8×75	套	0.59
38	镀锌精制六角带帽螺栓	M16×85	套	2.68
39	地脚螺栓	M10×25	套	0.67
40	地脚螺栓	M10×100	套	0.98
41	地脚螺栓	M12×160	套	1.97
42	地脚螺栓	M14×（120～230）	套	2.03
43	镀锌带母螺栓	M6×（16～25）	套	0.20
44	镀锌带母螺栓	7″/8以内	套	0.67
45	镀锌六角头螺栓带帽	M16×（70～75）	套	1.47
46	膨胀螺栓	M5	套	0.38
47	膨胀螺栓	M6	套	0.44
48	膨胀螺栓	M8	套	0.55
49	膨胀螺栓	M10	套	1.53
50	膨胀螺栓	M12	套	1.75

序号	材 料 名 称	规 格	单 位	单 价（元）
51	膨胀螺栓	M16	套	4.09
52	镀锌滚花膨胀螺栓	M12×110	套	1.13
53	塑料膨胀管	M6×35	只	0.31
54	塑料膨胀管	M6×45	只	0.38
55	塑料膨胀管	M≤10	只	0.32
56	热缩套管	7×220	m	1.43
57	铝铆钉	$\phi 4.5$	只	0.04
58	铝铆钉	$\phi 4 \times 32$	只	0.07
59	钢绳轧头	D10	个	3.85
60	调和漆	—	kg	14.11
61	沥青清漆	—	kg	6.89
62	醇酸防锈漆	C53-1	kg	13.20
63	防锈漆	—	kg	15.51
64	氧气	—	m^3	2.88
65	乙炔气	—	m^3	16.13
66	环氧树脂	各种规格	kg	28.33
67	多功能上光清洁剂	—	盒	16.03
68	酒精	—	kg	6.06
69	汽油	70$^{\#}$	kg	7.10
70	汽油	90$^{\#}$	kg	7.16
71	棉纱	—	kg	16.11
72	脱脂棉	—	kg	28.74
73	光盘	5″	片	4.23
74	绘图仪墨水	—	瓶	11.25
75	绘图纸	A3	包	78.79

序号	材 料 名 称	规 格	单 位	单 价（元）
76	激光打印机墨粉	180g	瓶	62.59
77	喷墨打印机墨水	—	瓶	9.60
78	喷墨绘图仪用纸	A1 50m	卷	69.01
79	热转印打印机碳带	—	卷	31.18
80	热转印打印机用纸	—	盒	69.90
81	软盘	3.5″	片	2.60
82	色带	—	盒	32.86
83	针打色带	—	盒	33.31
84	诊断盘片	3.5″	片	3.72
85	打印纸	132行381-1	包	61.44
86	复印机墨盒	—	个	164.41
87	复印机用纸	A4	卷	18.82
88	标签纸	50页	本	14.36
89	镀锌活接头	DN20	个	3.37
90	镀锌活接头	DN25	个	4.71
91	黑玛钢活接头	DN32以内	个	5.76
92	碳钢法兰	0.6MPa DN50	副	31.58
93	碳钢法兰	0.6MPa DN100	副	66.42
94	碳钢法兰	0.6MPa DN200	副	166.55
95	碳钢法兰	0.6MPa DN250	副	242.67
96	碳钢法兰	0.6MPa DN400	副	665.08
97	塑料胀塞	M6～9	套	0.38
98	聚四氟乙烯生料带	$\delta20$	m	1.15
99	线号套管	（综合）	m	1.12
100	聚乙烯管	$D32\times2.5$	kg	18.75

序号	材　料　名　称	规　格	单　位	单　价（元）
101	塑料胶布带	25mm×10m	卷	2.17
102	铜接线端子	DT-25mm^2	个	11.28
103	铜接线端子	DT-400mm^2	个	79.19
104	塑料护口	15钢管用	个	0.19
105	塑料护口	15～20钢管用	个	0.20
106	塑料护口	32钢管用	个	0.45
107	塑料护口	50钢管用	个	0.57
108	塑料护口	70钢管用	个	0.81
109	塑料护口	100钢管用	个	1.03
110	扎线卡	—	个	0.55
111	钢线卡子	D6	个	2.92
112	钢线卡子	D9	个	3.27
113	尼龙扎带	L100～150	根	0.37
114	位号牌	—	个	0.99
115	标志牌	—	个	0.85
116	拉线环	（大号）	个	3.27
117	双拉线铁箍	R＝90	副	9.10
118	U形穿钉	R＝90	根	2.19
119	U形钢卡	D6.0	副	2.68
120	U形螺栓带帽	M8	套	6.41
121	镀锌铁拉板	4×40×180	个	4.24
122	黄蜡管	DN16	m	2.15
123	轻型万能角铁	30×1.5	kg	4.38
124	电缆卡子	（综合）	个	0.39
125	电缆挂钩	25	个	0.85

附录二 施工机械台班价格

说 明

一、本附录机械不含税价格是确定预算基价中机械费的基期价格,也可作为确定施工机械台班租赁价格的参考。

二、台班单价按每台班8小时工作制计算。

三、台班单价由折旧费、检修费、维护费、安拆费及场外运费、人工费、燃料动力费和其他费组成。

四、安拆费及场外运费根据施工机械不同分为计入台班单价、单独计算和不计算三种类型。

1.工地间移动较为频繁的小型机械及部分中型机械,其安拆费及场外运费计入台班单价。

2.移动有一定难度的特、大型(包括少数中型)机械,其安拆费及场外运费单独计算。单独计算的安拆费及场外运费除应计算安拆费、场外运费外,还应计算辅助设施(包括基础、底座、固定锚桩、行走轨道枕木等)的折旧、搭设和拆除等费用。

3.不需安装、拆卸且自身能开行的机械和固定在车间不需安装、拆卸及运输的机械,其安拆费及场外运费不计算。

五、采用简易计税方法计取增值税时,机械台班价格应为含税价格,以"元"为单位的机械台班费按系数1.0902调整。

施工机械台班价格表

序号	机 械 名 称	规 格 型 号	台班不含税单价 （元）	台班含税单价 （元）
1	汽车式起重机	8t	767.15	816.68
2	载货汽车	4t	417.41	447.36
3	载货汽车	6t	461.82	496.16
4	电瓶车	2.5t	237.47	240.72
5	卷扬机	单筒快速 20kN	225.43	232.75
6	混凝土切缝机	—	31.10	34.61
7	交流弧焊机	21kV·A	60.37	66.66
8	交流弧焊机	32kV·A	87.97	98.06
9	内燃空气压缩机	17m³/min	1162.02	1300.63

附录三 建筑智能化系统工程名词解释

一、智能建筑概述：

1.智能化：

大厦的智能化是指人工智能的理论、方法和技术在建筑物内的具体应用。

2.智能建筑(IB)：

智能建筑是以建筑为平台,兼备建筑设备、办公自动化及通信网络系统,集结构、系统、服务、管理及它们之间的最优化组合,向人们提供一个安全、高效、舒适、便利的建筑环境。

它是利用现代计算机技术、网络通信技术以及自动控制技术,经过系统综合开发,将楼宇设备自动化系统(BAS)、通信自动化系统(CAS)、办公自动化系统(OAS)与建筑和结构有机地集成为一体,通过优质的服务和良好的运营,为人们提供理想的安全、舒适、节能、高效的工作和生活空间。

3.建筑智能化系统：

建筑智能化系统是智能建筑中的楼宇设备自动化系统(BAS)、通信自动化系统(CAS)、办公自动化系统(OAS)以及它们之间的集成系统(SIC：系统集成中心)。

4.建筑设备自动化系统(BAS)：

将建筑物或建筑群内的电力、照明、空调、给排水、防灾、保安、车库管理等设备或系统,以集中监视、控制和管理为目的,构成综合系统。

建筑设备自动化系统(BAS)的工作范围通常有两种定义方法。

一种是将建筑物或建筑群内的电力、照明、空调、给排水、防灾、保安、车库管理等设备或系统进行集中监视、控制和管理的综合系统,是广义的BAS。

另一种是仅限于对建筑或建筑群内的电力、照明、空调、给排水等设备或系统进行集中监视、控制和管理的综合系统,是狭义的BAS。

5.办公自动化系统(OAS)：

办公自动化系统是应用计算机技术、通信技术、多媒体技术和行为科学等先进技术,使人们的部分办公业务借助于各种办公设备,并由这些办公设备与办公人员构成服务于某种办公目标的人机信息系统。

6.通信网络系统(CNS)：

通信网络系统是楼内的语音、数据、图像传输的基础,同时与外部通信网络(如公用电话网、综合业务数字网、计算机互联网、数据通信网及卫星通信网等)相联,确保信息畅通。

7.系统集成(SI)：

系统集成是将智能建筑内不同功能的智能化子系统在物理上、逻辑上和功能上连接在一起,以实现信息综合、资源共享。

8.系统：

系统是由相互作用、相互依存、相互制约的若干功能模块或部件组成的有机整体。它具有与其组成部分相适应的整体特性和功能,并和其外部的环境发生交互作用。

9. 系统类型：

(1)按系统规模可分为：小系统、大系统、超大系统等。

(2)按系统结构可分为：开环系统(无反馈)、闭环系统(有反馈)、复合系统(开环与闭环相结合)、集成系统(集中监控与管理)、独立系统、分散系统(分散控制)、递阶系统(集中于分散控制相结合)。

(3)按系统状态可分为：动态系统(系统功能、状态、结构、参数随时间变化)、静态系统(系统功能、状态、结构、参数不随时间变化)。

(4)按系统功能可分为：管理系统、信息系统、监控系统、通信系统等。

10. 管理：

管理是通过有组织的集中,为人们造就所需的、协调的、高效的工作环境,以求人尽其才、物尽其用、人人和谐,人机协调,实现预期的目标而进行的活动。管理是运用信息对人力、物力、财力进行控制与调节的过程,是通过信息流对人才流、资金流、物资流、能量流进行引导和操纵的过程。

二、综合布线系统工程：

1. 综合布线：

综合布线是由线缆及相关连接硬件组成的信息传输通道,它能支持多种应用系统。综合布线中不包括应用系统中的各种终端设备和转换装置。

2. 综合布线系统：

综合布线系统是一种集成化通用传输网络,它利用双绞线、同轴电缆和光缆来传输智能化建筑内的信息。它是智能化建筑物内连接"3A"(建筑设备自动化、通信自动化、办公自动化)系统各类信息必备的基础设施。它采用积木式结构,模块化设计,实施统一标准,以满足智能化建筑高效、可靠及灵活性的要求,它是建筑物或建筑群内的"信息高速公路"。

3. 双绞线：

一对双绞线是由两根具有绝缘保护层的铜导线,按一定密度互相绞缠在一起形成的线对组成。常用的双绞线缆是由四对双绞线互相绞在一起,其外部包裹着金属层或塑料外层。它们既可以传模拟信号,也可以传数字信号。常用的线对有1对、2对、4对、25对、50对、100对、200对、200对以上等,双绞线缆有屏蔽和非屏蔽之分。有类别之分,如：三类、五类、超五类、六类及六类以上等。

4. 电缆跳线：

电缆跳线是预先装有连接器的跨接线或不带连接器的电缆线对,用在跳线架和配线架上完成各线路与设备之间的交连和互连功能,常用的电缆跳线有1对、2对、3对和4对,共4种。

5. 接插软线：

接插软线是两端带有连接器的软电缆或软光缆,用在铜缆或光缆配线架上连接各种链路。接插软线也可用于工作区中。

6. 跳线卡接：

跳线卡接是用专用工具将一对不带连接器的双绞线缆卡接在跳线模块上,常用于语音传输设备上,完成程控交换机、电话直线与语音终端设备之间的连接。

7. 跳线架：

跳线架是由阻燃的模制塑料件组成,其上装有若干齿形条,用于端接线对,用788J1专用工具可将线对按线序依次"冲压"到跳线架上,完成语音主干线缆以及语音水平线缆的端接,常用的规格有 100 对、200 对、400 对等。

8.配线架:

配线架是一个标准的(19 英寸)铝质架,其上面可以安装 12～96 个模块化的连接器,水平线缆端接在该连接器上,在该装置上可进行交连和互连的操作,常用于数据通信。

9.信息插座:

综合布线系统在各工作区的接口与水平线缆或光缆相连接,工作区的终端设备用接插软线连接到该口。信息插座的规格通常有单口、双口和多口,安装方式分为墙面、地面以及桌面等。

10.跳块打接:

跳块也称连接块,它是一个小型的阻燃塑料段,内含熔锡的连接柱,可压到跳线架的模块上去,然后在其上面进行跳线卡接操作。用专用工具将跳块压接到跳线架模块上的操作叫跳块打接。

11.过线盒:

过线盒是指用于线缆施工或进行线缆接续的金属或塑料盒。

12.链路:

综合布线的两接口间具有规定性能的传输通道。链路中不包括终端设备、工作区电缆、工作区光缆和设备电缆、设备光缆。

链路也指基本连接,在综合布线铜缆系统中是指从配线架到工作区信息插座之间的所有布线,它包括最长 90m 的水平双绞线缆以及两端的连接点。

13.信道、通道:

信道是连接两个应用设备进行端到端的信息传输路径。一条物理通道可划分为若干条逻辑信道。通道中包括应用系统的设备连接线和工作区接插软线。

14.五类、超五类:

国际电气工业协会(EIA)为非屏蔽双绞线定义的质量类别。类别越高,性能要求越高。

15.光缆、光纤:

光缆由一束光导纤维组成,而光导纤维是一种能够传导光信号的极细而柔软的介质,通常是用塑料和玻璃来制造,光纤是光导纤维的简称。

16.光纤连接盘:

光纤连接盘是综合布线系统中的标准光纤交接硬件,也称为 LIU。该连接盘用来实现交叉连接和互连的功能,还直接支持带状和束管式光缆的跨接线。光纤连接盘是一种模块组合式的封闭盒,容量范围从 12、24 到 48 根光纤不等。

17.单模光纤与多模光纤:

信号在光纤中传播时的电磁场分布模式称为传输模式,光线中只有一种模式时称为单模光纤,传输多种模式时称为多模光纤。

单模光纤特性好,适用于大容量长距离光纤传输,但其截面积尺寸小,在制造耦合上比较困难。多模光纤传输带宽,但在制造连接耦合上比单模光纤容易。

18.机械法:

用 V 形槽接,一个高精密的 V 形槽,两个夹盖用来夹住光纤,还有一块盖板使光纤两端紧紧嵌入 V 形槽内,注入折射率匹配液,将两端光纤夹住,模固。

19.熔接法:

用光纤熔接机将两根光纤端部熔化结合为一根光纤的办法。

20.磨制法:

使用专用工具经过光纤的剥离、安装 ST 头、粘接、烘烤、切断、磨光等一系列工艺操作,将 ST 连接器与光导纤维的端点连接起来的办法,称为磨制法。

21.尾纤:

装有 ST 光纤连接器的短光纤(通常长度在 10m 以内)。

22.光缆终接盒:

光缆终接盒是光纤线路的端接和交连的地方,可用于光缆端接,带状光缆、单根光纤的接合以及存放光纤和跳接线。

23.光纤配线架:

光纤配线架由多组光纤互连模块组成,是光纤线路端接和交连的设备。

24.光缆成端接头:

光缆始端或末端需要进行熔接尾纤操作的光纤叫成端接头。

25.光缆堵塞:

光缆堵塞是在管道敷设中用于堵塞管口缝隙的封堵材料,主要作用是防水和防鼠咬。

26.同轴电缆:

同轴电缆的结构为中心有根导线,导线外面是绝缘层,绝缘层外面是一层屏蔽金属,用于屏蔽电磁干扰和辐射,电缆的最外层又包了一层绝缘材料,它可以用很高的传输速率传输数字或模拟信号,阻抗有 50Ω、75Ω 等几种。

27.漏泄同轴电缆:

漏泄同轴电缆是利用电缆开槽或外屏蔽层稀疏编织方法,使电缆里的信号泄露出来,同时外面的信号也可以渗透到电缆内的电缆。常用于大型建筑物内、隧道内、电波传播衰耗较大的场合和安防系统。

28.调相接头:

调相接头是一种可改变信号相位的接头。

三、通信系统设备安装工程:

1.微波无线接入通信系统:

完整的通信网是由核心网和接入网组成的。核心网又可称为干线网,多由光纤、电缆、微波通信设备、卫星通信设备等组成。分散于各地的用户不能直接连接在干线网上,只能就近寻找一个信息集合点,所有用户的信息在该点进行分类整理,然后再送到干线网。分散信息汇集整理的这种通信网络称为接入网。大家熟知的市话交换机与所敷设的线缆以及我们家中的电话机一起所组成的通信网络可以称为有线接入网。利用无线的方式完成接入功能的通信系统称为无线接入通信系统。

2. 窄带、宽带无线接入系统：

无线接入系统的带宽描述了设备对业务容量的承载能力。窄带、宽带并没有严格的界线。本书中把2Mb/s以下的系统称为窄带系统，2Mb/s以上的系统称为宽带系统。

3. 基站、用户站：

无线接入通信网通常采用一点对多点的组网方式，处于中心位置的无线设备称为基站，又可以称为中心站。分散于基站外围的无线设备称为用户站。用户站直接与用户终端相连，基站一端以无线的方式与各用户站连接，另一端与干线网相连。基站通常由天线(全向)、馈线、柜机、基站主设备、网管设备、直流电源单元等组成；用户站由天线(定向)、馈线、用户站主设备、直流电源单元等组成。

4. 窄带接入：

(1)基站主设备：包含了基带处理单元、信道机单元。完成无线通信的信道形成、分配、控制等功能。

(2)用户站主设备：包含了基带处理单元、信道机单元。在基站的控制下完成信道的占用、释放等功能。

(3)网管设备：网管设备是接入系统的管理设备，管理人员通过该设备监视系统信道占用情况、通话用户号码、完成对用户的等级设备、信道设置等。

(4)接口单元：接口单元是通信系统与外围设备连接的单元。数据接口单元是主设备与数据终端互联的接口设备；基站话路接口单元完成基站主设备与交换机的连接，用户站接口单元完成用户站主设备与用户端电话机的连接。

(5)直流电源设备：将220V交流电转化成设备所需要的低压直流电的设备。

5. 宽带接入：

(1)基站主设备：在宽带接入系统中，基站主设备包括网管设备基带处理单元、接口单元、调制解调单元、直流电源单元。

(2)变频设备：主要包括上变频设备和下变频设备，它们都以中频与基站主设备连接，另一端分别与基站室外单元的收发设备连接。

(3)基站室外单元：包括发射单元和接收单元，收发单元装在一起的称为收发单元一体；收发单元分别装在各自机壳内，称为收发单元分体。

(4)用户站主设备：安装于用户侧的设备，主要包括接口单元、基带处理单元、调制解调单元。以中频与室外单元连接，主设备大多安装于室内。

(5)用户站室外单元：包括收发信机和天线。

6. 卫星通信：

卫星通信是指利用人造地球卫星作为中继站转发无线电信号，在两个或多个地球站之间进行的通信。地球站是指设在地球表面(包括地面、海洋和大气中)上的无线电通信站；用于转发无线电信号的人造卫星叫作通信卫星。卫星通信实际上就是利用通信卫星作为中继站的一种特殊的微波中继通信方式。

7. 卫星通信甚小口径地面站(VSAT)：

VSAT(Very Small Aperture Terminal)直译中文名称为"甚小口径终端"，是指直接建在使用地点并可直接连接用户设备的小型卫星通信地球站。VSAT出现于20世纪80年代，现已成为卫星通信产业中的一个重要分支。VSAT的业务种类可包括语音、数据、传真、低速图像等。

8. 中心站(亦称中央站、主站、枢纽站)：

中心站是VSAT网的心脏，与普通卫星通信地球站一样，使用大型天线，天线直径一般为3.5～8m(Ku波段)或7～13m(C波段)，并配有高功率放大器、低噪声放大器、上/下频器、调制解调器及数据接口设备等。

一般在中心站还设有网络控制中心,对全网运行状况进行监控和管理。比如实时监测、诊断各端站及中心站本身的工作情况,测试信道质量,负责信道分配、统计、计费等。

9.端站(也称小站、用户站):

端站是直接安装在用户使用地点的小型地球站。由小口径天线、室外单元和室内单元所组成。

VSAT 小站是现代卫星通信技术与计算机技术相结合的小型化智能地球站,目前 C 波段 VSAT 小站天线口径在 3m 左右,Ku 波段 VSAT 小站天线口径为 1.2~1.8m。端站发射功率较小,一般在瓦级到数十瓦级。整个小站的电子设备全固态化、高集成度,基本实现无人值守。

10.室外单元(ODU):

室外单元是 VSAT 端站中的射频设备,主要包括砷化钾场效应管固态功放、场效应管低噪声放大器、上/下变频器和相应的检测电路等。整个单元装在一个密封的箱体内直接挂装于天线反射器背面。

11.室内单元(IDU):

室内单元是 VSAT 端站中的中、低频设备。主要包括调制解调器、编译码器和数据接口设备等。设备结构紧凑、全固态化、安装方便。可直接与其数据终端(计算机、数据通信设备、传真机、电传机等)相连,不需要地面中继线路。

12.移动通信设备:

移动通信设备分为公共移动通信设备和数字集群移动通信系统。

公共移动通信系统:为全社会提供服务的移动通信系统,目前在我国主要有两种技术体制: GSM 和 CDMA。

数字集群移动通信系统:为特定的集团用户提供服务的数字制移动通信系统。使用一个集群通信系统,可以组织多个虚网,为多个集团用户提供各自独立的服务,具有完善的调度指挥等功能。集团用户共享系统内的频率、设备、空间等资源。目前我国推荐的行业标准有两个: TETRA 和 iDEN。

13.GSM:

初期是移动通信特别小组的简称。该小组专门研究数字移动通信的技术标准。现已经改称为 Global System for Mobile Communications 的缩写,可以译为全球通。

14.CDMA:

码分多址的英文缩写。利用码正交特性区分不同的用户地址的一种方法。

15.TETRA:

初期是 Trans-European Trunked Radio 的缩写,全欧集群无线电之意,现已改称为 Terrestrial Trunked Radio 的缩写,陆上集群无线电之意,是数字集群通信系统的一种技术标准。

16.iDEN:

英文 integrated Digital Enhanced Networks 的缩写,意为综合数字增强型网络,是数字集群通信系统的一种技术标准。

17.基站:

基站是用户手机与移动通信系统连接的无线入口设备,在基站控制器的控制下工作。

18. 全向天线：

全向天线是对天线无线电性能的描述，全向天线在水平面各方位上增益相同。

19. 分布式天馈系统：

为了解决建筑物内电波覆盖问题，在建筑物内设置多个收发天线，每个收发天线覆盖的范围不大，这种天馈系统称为分布式天馈系统。

20. 馈线密封窗：

馈线密封窗是一种密封电缆或波导的装置，使电缆或波导内部与大气隔绝，但是不影响电信号的传输，对电信号是透明的，故用"窗"字来形容这一点。

21. 信道板：

信道板是基站的重要插板，该板的作用是形成无线信道，与用户手机沟通。

22. 直放站：

直放站是将接到的GSM或CDMA等信号，不进行频率交换，放大后再发射出去的设备。直放站可以很方便地扩展基站覆盖的范围。

23. 监控配线箱：

监控配线箱为监控线路设置的配线箱。

24. 寻呼系统：

寻呼系统分为自动寻呼系统和人工寻呼系统。自动寻呼系统中，主呼用户在电话机上直接拨被呼用户号码以及呼叫内容的代码，经数据处理中心编码后，由发射机将信息发射出去。人工寻呼系统中，主呼用户在电话机上呼出寻呼台话务员，将被呼用户号码以及呼叫内容告知话务员，由话务员在人工操作终端上输入呼叫内容文字或代码，经数据处理中心设备编码后由发射机发射出去。寻呼系统一般由调度交换机、自动寻呼终端或人工操作终端、数据处理中心设备、发射机、天线、馈线等组成。发射机又称为寻呼系统的基站。

25. 自动寻呼终端设备：

自动寻呼终端设备是自动寻呼台的终端设备。不需要话务员与主呼用户对话。

26. 数据处理中心设备：

数据处理中心设备主要有两种功能：一是把需要发射的信息代码或文字进行编码，将各终端送来的信号整理排队送往发射机；二是对用户进行管理。

27. 寻呼台人工操作终端：

在该终端设备上，寻呼台话务员键入被呼号码和呼叫内容。

28. 寻呼专用调度交换机：

寻呼专用调度交换机的主要功能就是将由中继线进入的呼叫，分配给空闲话务员接听。

29. 短信语音信箱设备：

短信语音信箱设备是存储和转发短信以及语音的设备。

30.操作维护中心设备：

操作维护中心设备是对系统进行管理、维护的设备。

31.基站控制器、变码设备：

基站控制器、变码设备是连接于基站和无线交换机之间的设备，一端控制基站的正常运行，另一端将基站接收到的信号进行码型变换后送往无线电交换机，同时接收交换机送来的控制信号，将业务信号进行码型变换后送往基站。一部基站控制器可以控制多部基站。

32.敷设光缆：

光缆通信系统工程施工包括光缆线路工程施工和机房传输设备安装施工。光缆线路施工包括光缆线路施工准备、光缆的敷设及光缆的安装与接续。光缆敷设方式有直埋方式、管道方式和架空方式。

33.光缆终端：

光缆终端是外线光缆终端同局内光缆进行连接的设备，一般可装在传输机房的墙上或光纤配线架内（光纤配线架内也可用光缆终端盘）。

34.光纤连接器：

光纤连接器是用于光纤间可重复插拔的连接器件，也称光纤活动接头。

35.光缆接续：

光缆接续分固定接续和活动接续两种。固定接续多用于光缆线路上，活动接续是一种可拆卸的连接，一般用于机与线或机与机之间的连接，以便于机线调测。

36.光中继：

光中继是把来自光纤线路上微弱的光信号，恢复成较强的光信号，再输入光纤线路，起接力作用的装置。

37.程控交换：

通信网的主体是由用户终端设备、传输设备和交换设备所组成的。因此，信息的处理、传输和交换是现代通信的三个主要环节。由于交换技术和计算机技术的融合渗透、交换都是由程序控制的，故称为程控交换。

信息交换有三种基本形式：电路交换、报文（信息）交换和分组交换。

38.信令：

信令是用户和网络节点（局）之间、网络节点和网络节点之间、网络和网络之间的对话语言。

39.电脑话务员：

电脑话务员是一种代替人工话务员的自动应答及来话转接设备。

40.话务台：

话务台是一种人工应答来话及进行来话转接的设备。

41.远程维护：

远程维护是一种维护人员通过网络或MODEM拨号来实现对远端交换机进行维护的方法。

42.计费系统:

计费系统是用来根据电信标准费率对电话用户所拨电话进行统计、分项计费的设备。

43.语音信箱:

语音信箱是一种根据用户的不同要求、不同情况分别给予不同提示音,指导用户进行不同操作的语音提示设备。

44.酒店管理系统:

酒店管理系统是一套服务于酒店管理人员的对客人的入住情况进行综合处理的设备。

45.7号信令系统(SS7):

SS7是采用共路信令的第一个真正的数字网系统。它通过采用特殊或一般的计算机和信息数据库,从而改进了基本的网络功能,并且支持先进的呼叫处理和网络管理功能。

46.程控交换机:

程控交换机是数字电子计算机控制的交换机,采用数字信号进行交换。

47.用户线:

用户线是由交换机到用户的电路。

48.模拟中继:

模拟中继是数字交换机和模拟局间中继线的接口电路。

49.数字中继:

数字中继是连接数字局间中继线的接口电路。

50.1号信令:

1号信令是多频互控记发器信号。

51.Q信令:

Q信令是基群速率接口中的一种标准信令。

52.终端:

终端是用于连接交换机,对数据库进行维护、操作的一种设备。

53.数字话机:

数字话机采用数字用户线来连接,具有来电显示、多用户能力、留言、快速拨号等模拟分机本身不具备的功能。

54.调度系统:

调度系统由交换机和调度台组成,是由专人控制的,用于统一调度多个分机的操作台。广泛应用于电力、公安、煤炭、水利等部门,作为生产指挥调度的核心。

四、计算机网络系统设备安装工程：

1.计算机网络：

通过有线通信信道或无线通信信道把一些分散在不同地点或不同部门、具有独立功能的计算机系统和设备用传输媒体连接起来,实现互联、互通,由网络软件完成网络资源共享,从而形成一个规模更大、处理能力更强、可靠性更高、资源更丰富的大计算机系统,称为计算机网络。这个系统将在数据通信、资源共享、分布处理、实时控制等方面为用户提供丰富多彩的网络服务功能。例如：通过网络实现办公自动化、远程教学、远程诊断、电子商务、视频通信、远程通信、网上购物等。

2.服务器：

服务器是计算机网络中核心设备之一,在服务器中有系统软件、网络软件、给用户服务的各种应用软件,各用户共享的资源。它既是网络服务的提供者,又是保存数据的仓库(数据库)。网络性能的好坏很大程度上取决于服务器的性能,即可靠性、先进性、安全性。网络服务器按其性能、工作能力和配置的大小,依次分为工作组级、部门级、企业级。

3.工作站：

工作站是连接到网络上的计算机,按其使用的操作系统,主要分为两大类,即 unix 和 windows,它是重要的用户终端之一,它即可独立工作,也可访问服务器,共享网络资源,它是人机交互最普通的工具。

4.接口卡：

接口卡安装有若干驱动电器,由计算机与网络设备及不同类型接口的印制电路插件板构成。网络中每一台计算机及外围设备均需一插口卡,方能经由网络传送或接收信息。

5.网络接口卡：

网络接口卡是网络终端接入计算机网的连接设备,每个终端必须通过接口卡才能接入网络。

6.以太网接口卡：

以太网接口卡是在以太网中连接终端和网络的网卡,按其传输速率分为10Mb/s(即每秒传输10兆比特数据)、100Mb/s、1000Mb/s 网卡。

7.多用户卡：

一台计算机支持两个和两个以上的终端同时工作,使它分时共享系统资源。对能完成这样功能的用户卡称多用户卡。

8.视频卡：

视频卡是用来将计算机输出的信息转换成屏幕显示文字及图形的适配卡。有人也把视频图像采集卡、电视信号接收卡和视频信号接收卡也归入此类。

9.网络交换设备：

网络交换设备是计算机网络的主体设备,为整个网络提供数据、信息交换的通道。主要设备是交换机和集线器。

10.网络集线器：

网络集线器是网络交换设备之一,按功能分为普通型集线器和堆叠式集线器。

11.普通型集线器：

普通型集线器在物理上采用星形拓扑结构的网络中,用于汇接多条通信线路并提供中央交换功能的装置。

12.堆叠式集线器：

把多个集线器,以一定的方式用双绞线连接起来,组成一个集线器组,称为堆叠式集线器。

13.网络交换机：

网络交换机是网络交换的主要设备,是为整个计算机网络提供数据、信息交换的通道。按其性能和配置大小依次分为工作组级交换机、部门级交换机、企业级交换机。

14.路由器：

路由器是在源节点和目的节点之间为数据交换选择路由(路径),提供各种不同网络之间的接口。路由器的主要功能首先是支持各种局域网、城域网、广域网的接口,用于各种网络间的互联,其次还提供分组过滤、分组转发、复用、加密和防火墙等功能,同时还提供配置管理、性能管理、容错管理、流量控制等网络管理功能。按其性能和配置大小依次分为局域网路由器、城域网路由器、广域网路由器。

15.音频调制解调器：

音频调制解调器是将话音的模拟信号转化为计算机的数字信号或将数字信号转化为模拟信号。这是为使信号能在电话线上传送,传输速率一般为9600bps、28.8kbps、56kbps。

16.基带调制解调器：

基带调制解调器不再是数字模拟转换,而是计算机中的数字信号转化为可以长距离传送的信号。

17.XDSL(例如：ADSL)接入设备：

ADSL 接入设备又称 ADSL 调制解调器,是非对称数字用户线路利用现有用户的电话线传输高速数据的接入设备,采用频分多路复用(FDM)来复接和分接上行、下行和普通电话业务信号。一般上行数据率(用户至网络服务器)为 64kbps,下行数据率为 6.144Mbps(网络服务器至用户),传输距离 3~6km。

18.服务器系统软件：

在网络中,主要用来向其他节点提供资源和服务的节点计算机,称为网络服务器。文件服务器、数据库服务器、目录服务器、通信服务器、域名服务器中所使用操作软件,称为服务器系统软件。

19.局域网路由器设置：

首先用户列出要装载的路由协议,要安装的接口类型,决定要进行的协议转换,对每种协议和接口都会提示用户要输入的各种参数。

20.广域网接入路由器设置：

同"局域网络路由器设置"方法。

21.局域网交换机系统功能调试：

内容包括：虚网划分、端口设备、路由设置、质量服务(QoS)、包过滤、功能测试等。

22.虚网划分：

在一个局域网中,将许多物理或逻辑端口划分成用户所要求的组合,在一个组合中的任意端口都可被看作在一个局域网上,而不同的组合间通信由路由器进行连接。

23.端口设置：

将网络中所含的各种设备(如服务器、工作站、打印机等)的端口给予相应的IP地址、端口状态等。

24.路由设置：

同"局域网路由器设置"方法。

25.质量服务(QoS)：

确认网络中多媒体传送的质量,服务质量是一个比较抽象的概念,用户说明发送和接收信息的用户之间有关信息传递质量的约定。服务质量包括用户的需求即用户进行多媒体通信时对网络传输性能和表示质量的要求;服务提供者的能力即指系统能够提供和达到的性能。服务质量用一系列说明多媒体系统性能目标的参数元组来确定,包括速度比率、利用率、平均延迟时间、最大抖动(时滞)、位错率、包错率等。

26.包过滤：

(1)在分组交换系统中,将接到的信息包中与报文信息无关的内容(如传输控制、差错控制等信息)滤出的过程。

(2)在网络层和传输层上执行,对流经网络边界而进入内部网络的信息报进行检查,滤出不合法信息包的操作。其目的是把指定协议的通信限制在规定的网段中。这是保护局域网安全的一项重要措施。

27.设备监控：

监视和控制网络中各种设备的工作状态,称为设备监控。

28.中继器：

中继器是在局域网中,使计算机连接到干线上的一种设备。有时因线路过长,信号达不到要求,为此采用中继器放大信号,增加传输距离,确保传输质量。

29.功能测试：

调试交换机系统各项功能指标,称为功能测试。

30.网管系统软件：

监督通信网络,实时处理网络故障,合理分配节点事务及控制信息流量的系统软件,称为网管系统软件。该软件用来保证网络在任何情况下均能发挥最大效用,运行无故障,进行安全保密的数据传输。

31.系统搜索：

系统搜索是指网管软件自动搜索网络各个节点,然后生成网络拓扑图,当不符合用户要求时,可进行修改,最后生成用户所要求的网络拓扑结构。

32.拓扑生成：

在计算机通信网络中,网络节点之间的连接模式,称为拓扑生成。大致分为三类:星形网络、总线型网络、环形网络。

33.流量监控：

(1)数据通信中对数据流量的控制,以满足发方速率与收方速率相容的要求,当接收速率低于发方时就要进行流量控制。

(2)为了消除通信拥挤现象,对进入计算机的数据流所进行的控制。在分组交换方式下,允许发送速率与接收速率不相等,两者之间用接收缓冲器协调。

34.安全策略设备：

为满足系统安全的要求,规定如何管理、保护、分配信息的一系列准则,在网管软件中加以设置的设备,称为安全策略设备。其中最重要的方法是建立用户标识数据库,并对访问的用户进行身份鉴别,把非法用户访问拒之门外,以确保网络安全,具有防火墙功能。

35.子网设置：

根据用户要求将一个局域网划分成几个较小的网络(网段)称为子网设置。

36.IP地址：

IP地址简称IP,在一个网络中计算机要发送一个信息给另一台计算机,一般中间要经过交换机,发送方必须给出接受方的地址,这个地址即是IP地址,任何一台计算机(终端)必须有一个唯一的IP地址,这样才能保证信息传输的准确性。IP地址一般由网络地址和主机地址组成。

37.域名设置：

在"因特"网中为互联网主机定义的符号化名称,即为域名。由域名服务器提供,可转换成IP地址,与用数字表示的IP地址相比,域名容易记忆和理解,以下表为例：

位置	域名地址	IP地址
中国清华大学	Tstinghua.edu.cn	166.111.250.2
美国密执安州立大学	Gopher.msu.edu	35.8.2.61

38.服务器分配：

服务器分配是将网络中的服务器,按网络要求分成各种不同用途的服务器,如：主服务器(www服务器)、数据库服务器、新闻服务器、域名服务器、文件服务器、目录服务器等。

39.指标测试(网络)：

指标测试是指通过一种以任何方式进行直接而实际的指标测试。采用软、硬件结合的方式对系统指标进行一段时间的测试。如：网络流量、接口IP地址、防火墙等测试。

40.系统试运行：

网络上的所有网络设备,如：交换机、集线器、路由器、数据库服务器、电子邮箱服务器、计算机、打印机、绘图仪等,总之,网上所有设备的连通,然后进行长时间运行,以测试和调试网络的参数,保证网络长期、安全、可靠地运行,称为系统试运行。此测试往往要进行一个月以上的时间。

41.验证测试：

验证测试是指按工程规范要求进行的测试、记录、资料整理等。

42.信息点：

信息是物资状态发生变化的一种表征,知识的一种元素,通常指数据、消息中包含的意义。可从许多方面产生信息,如：观察、数据分析等。信息传输有不同的形式,如：光、声、电压、电流等。信息可产生的操作有产生、发送、接收、存储、检索、复制、处理等。信息本身不是实体,必须通过载体才能实现,但不随载体的物理形式而变化。通常说凡对用户有价值的数据,都可成为信息。在计算机中往往把信息和数据看成同一词。具有发送和接收这样信息的点称为信息点。

43.网络打印机：

网络打印机是在网络环境中接入的一类共享打印机,它允许不同节点上的用户经由网络对其进行操作。有的网络打印机就是普通的打印机,有的是为网络专门设计的,如：有的带有多层打印稿件脱架,用来分别盛装不同节点的稿件。

44.绘图仪：

绘图仪是计算机输出设备的一种,它通常采用扫描方式将文字、图形、图像等在记录纸上绘制出来,多采用喷墨方式,常见的类型有滚筒式、平板式。

45.扫描仪：

扫描仪是计算机输入设备的一种,实现把印制在纸上的字符、图形、图像通过扫描的方式变成电信号而输入到计算机的设备。常见的有光学扫描仪、激光扫描仪等。

46.多媒体摄像机：

用于把活动或静止的彩色光学图像换成电信号的设备,称为多媒体摄像机。往往将电信号输入到计算机,以备储存或输出。

47.磁带机：

磁带机是以磁带作为存储媒体的计算机存储设备,由读/写机构,走带机构、伺服机构等部分组成。磁带机的存储速率较慢,而且只能以顺序方式存取,但它能以较低的成本实施海量存储,所以,目前仍得到广泛应用,如：测绘、气象等部门。

48.磁盘阵列：

磁盘阵列是从用户角度可作为单一逻辑部件的一组物理硬盘驱动器。用户的数据被一定的方式分散存储在这组磁盘上。在这样的阵列中通常有一定的冗余存储量,以便在少数几个磁盘失效时仍能恢复用户的数据。

49.光盘塔：

光盘塔是将多个光盘驱动器按一定方式组合在一起,当其中有个别驱动器损坏时,会自动更换,不会丢失数据。

50.光盘库：

光盘库是一种大容量的可更换光盘存储设备,能在计算机发出命令下,自动把光盘中许多片中的一片,装载到驱动器中读出。光盘库的硬件结构主要包括：①几个光盘驱动器,任一个均可选择读出；②容纳几十张光盘的支架；③换盘机构,包括夹持器和机械臂；④控制器,用来接收主机命令,装盘时夹持器移动到某个选中的盘片槽位置,机械臂伸出,将光盘拉出并移入驱动器。卸盘过程相反。

51.光盘读写机：

光盘读写机是一种新型大容量存储设备,由半导体激光器和光路系统组成的光读、写头,用磁光材料做记录介质的,以旋转光盘作为存储体。它的优点是记录密度高,不会受环境影响而退磁,保存记录可达30年。它可将信息记录与抹除,所以称为可读写光盘。

52.防火墙ICP/ISP级:

防火墙的位置在内外网之间,主要作用是企业、学校、政府机关等内网与公网(因特网)进行隔离,以保证内网的安全,具有对黑客入侵进行监测、数据内容过滤、病毒查杀等安全功能,使内网用户与公网交换数据时,保持完整和准确。ICP/ISP是服务商的级别标志,此标志表示是高级服务商。

53.电源网管软件:

在网管软件中可加上对UPS电源的监控软件,电源网管软件的作用是可远程开、关UPS,监视UPS工作状态。当远程UPS故障时,在控制台上发出告警信号,以使管理员及时排除故障。

54.信息高速公路:

信息高速公路即国家信息基础结构NII,是一个能给用户随时提供大量信息的,由通信网、计算机、数据以及日常电子产品组成的完备网络,并在任何时间和地点通过声音、数据、图像互相传递信息。

五、建筑设备监控系统安装工程:

1.楼宇设备自控系统:

楼宇设备自控系统简称BA系统,是以一台微机为中心,由符合工业标准的网络,对分布于监控现场的区域智能分站(即DDC)进行连接,通过特定的末端设备,实现对楼宇机电设备集中监控和管理的专业楼宇自动化控制系统。它是基于现代控制论中分布式控制理论而设计的集散型系统,是具有集中操作、管理和分散控制功能的综合监控系统。系统的目标是对建筑物内大多数机电设备采用现代计算机技术进行全面有效的监控和管理,确保建筑物内所有设备处于高效、节能、合理的运行状态。

整个网络共分三级,上层一级一台微机工作站,中层一级为若干台区域智能分站(即DDC),下面一级为若干末端设备,包括各种温度、湿度、压力、流量、水位、电压、功率、功率因数等传感器和变送器及阀门、风门、湿度、调节阀等多种执行器件。本系统对建筑物大多数机电设备进行全面、有效的监控和管理,如对空调系统、冷冻机组、变配电高低压回路、给排水回路、各种水泵、照明回路等的状态监测和启停控制,对变配电高低压回路、电梯系统的状态监测和故障报警。

2.温度传感器:

温度传感器用于测量室内、室外、风管、水管的平均温度,故温度传感器包括室内外温度传感器和风管、水管温度传感器。他们通常是以铂、镍、热电阻或热电偶作为传感元件,有1kΩ镍薄膜、1kΩ镍平均值、1kΩ铂薄膜、1kΩ和100kΩ铂等效平均值以及2.2kΩ热敏电阻等类型。传感器将其阻值变化信号经线性化处理,再由放大单元转换成温度变化成比例的0～10VDC或4～20mA的输出信号;或者按其阻值变化做出相应温度变化的校正曲线进行阻值与实际温度值的交换。

3.湿度传感器:

湿度传感器用于测量室内外和管道的相对湿度。

通常采用阻性疏松聚合物技术来测量相对湿度,这保证了良好的线性度和传感器的长期稳定性,即使在相对湿度(RH)较高的情况下也具备了线性度和稳定性。它同时匹配二极管温度补偿,保证了相对湿度测量范围内的精度,其输出信号通常为4～20mA;在0～100mA量程范围内的精度,一般在2%～5%之间。

因此,可根据被测介质的湿度范围、场所、精度和价格进行选择,以满足BAS监控的要求。

4.压力、压差传感器、压差开关：

压力、压差传感器是将空气压力或液体压力信号转换为4~20mA或0~10V的电气变换装置，压差开关是随着空气或液体的流量、压力或压差引起开关动作的装置。

它们主要用于空气压力、流量和液体压力、流量的监测、电容式压差传感器，可以测量0~5000Pa的空气压力，其精度达1%，具有良好的稳定性，并且在非常低的压力下仍具有良好的分辨力，空气压差开关是在两个传感孔检测到的压差，作用于控制器薄膜的两侧，用弹簧承托的薄膜移动并启动开关，用于监视风机运行状态和过渡器阻力状态的监测，检定暖通或通风管内的空气质量，变风量系统最大空气流量控制等。

液体压差传感器，通常采用由霍尔元件作为磁电转换的元件组成的霍尔压力变送器，静态承受压差额定值为16bar，其精度可达±1.5%。薄膜型液体压力传感器其精度可达±(0.25%~1%)。

5.电磁流量计：

电磁流量计是基于电磁感应定律而工作的流量测量仪表，由检测和转换两个单元组成，被测介质的流量经检测单元转换成感应电势，然后经放大转换成4~20mA直流信号输出。

6.涡轮式流量传感器：

涡轮式流量传感器是一种速度式流量计。当流体流过涡轮叶片时，叶片前后的差压产生的力推动涡轮叶片转动；在一定的流量范围内，管道中液体的容积流量与涡轮转速成正比，涡轮的转速通过检测线圈和磁电转换装置转换成对应频率的电脉冲信号。

7.电量变送器：

常用的电量变送器有电压、电流、频率、有功功率、功率因数和有功电度变送器等。

(1)电压变送器通常将单相或者三相交流电压110V、220V、380V变换为0~5V、0~10V或者0~20mA、4~20mA输出。

(2)电流变送器通常将单相或者三相的电流0~5A变换为0~5V或者0~20mA、4~20mA输出。

(3)其他频率、功率因数、有功功率、无功功率等变送器均将上述的参数变换为上述相同的输出。

8.空气质量传感器：

空气质量传感器根据不同气体具有不同导热能力，这一特性反映出对不同气体不同的敏感程度和测量总的不纯度，尤其监测空气中CO_2含量，以0~10V直流输出信号或者以继电器输出报警信号，可监测各种烟雾和CO、CO_2、丙烷等多种气体。

9.风机盘管温控器、电动阀：

风机盘管温控系统通常有二管制单冷、二管制冷热水两用和四管制冷热水独立几种形式。风机盘管温控系统的工作原理：夏季运作时，选择开关切换至"冷"状态，当室内温度超过设定的温度时，电动阀被打开，系统对室内提供冷气。冬季运动时，将选择开关切换至"热"状态，当室内温度低于设定温度时，电动阀被打开，系统向室内提供热气。这样使室内温度保持在所需的范围内，通常为10~30℃，也可以通过三速开关来调节风速和调节温度。

10.电磁阀：

电磁阀利用线圈通电后，产生电磁吸力提升活动铁芯，带动阀门塞运动，从而控制空调或制冷中的气体或流体流量通断。

电磁阀有直动式和先导式两种。直动式电磁阀结构中，电磁阀的活动铁芯本身就是阀塞，通过电磁吸力开阀，断电后，由恢复弹簧闭阀。先导式结构由导阀和主阀组成，通过导阀的先导作用促使主阀开闭；线圈通电后，电磁力吸引活铁芯上升，使排出孔开启，由于排出孔远大于平衡孔，导致主阀上腔中压力降低,但主阀下方压力仍与进口侧压力相等,则主阀因差压力上升,阀呈开启状态;断电后,活动铁芯下落,将出孔封闭,主阀上腔因从平衡孔冲入介质而压力上升,当约等于进口压力时,主阀因本身弹簧力及复位弹簧作用,使阀呈关闭状态。

该阀最大特点:传动部分无转动机械件;可靠性高,可控范围大;在流量很小的时候,其仍具有很好的控制特性;采用压力平衡式后,由于定位时间短,可用于响应速度要求高的系统;它能手动调节,便于维修和调试。

11.控制网:

用控制总线将控制设备、传感器及执行机构等装置连接在一起进行实时的信息交互,并完成管理和控制的网络系统。

12.电动阀:

电动调节阀以电动机为动力元件,将调节器输出信号转换为阀门的开度,它是一种连续动作的执行器。

电动执行机构,输出方式有直行程、角行程和多转式三种类型,分别同直线移动的调节阀、旋转的蝶阀、多转的感应调节器等配合工作。在结构上电动执行机构除可与调节阀组装成整体的执行器外,还常单独分装以适应各方面需要,使用比较灵活。

电动执行机构一般采用随动系统方案组成。电动机通过减速器变换角控制阀杆行程来改变阀门的开度,阀杆行程能直接反映阀门的开度。因此将阀杆行程再经位置信号转换器反馈到伺服放大器的输入端与给定输入信号相比较以确定对电动机的控制。在实际运用中,为了使系统简单,常使用两位式放大器和交流感应电动机。电机在运行中,多处于频繁启动和制动过程中,为使电机不致过热,常使用专门的异步电动机,用增大转子电阻的办法,减小启动电流,增加启动力矩。

13.电动风门挡板驱动器:

电动风门挡板驱动器用来调节控制风门,以达到调节网管的风量和风压的目的。

14.空调机组自控功能:

空调机组的控制是根据回风温度传感器所检测的温度并将该温度送往智能分站和设定的温度相比较,用比例加积分、微分控制,输出相应的控制电压信号以调节电动调节阀动作,使回风温度保持在所设定的温度范围内;根据湿度传感器所检测的回风管内的湿度并将该湿度送往智能分站与设定的湿度相比较,控制加湿器动作,使送风湿度保持在所需要的范围内。

15.冷水系统的控制功能:

冷却塔与冷水机组自控系统分别由冷却塔和冷水机组成,其自控工作原理为:冷水机与冷却水泵以一对一方式运行,由DDC程序或手动启动,冷水机组投入运行的顺序为:冷却水泵→风扇→冷水泵延时启动→冷水机启动。关停机时,顺序相反。冷水机供回水的温度,决定冷水机的启停。当温度高于设定值时,第一台冷水机启动,DDC控制根据供回水温度对冷水总流量计算,从而实现冷水机优化投入运行的台选控制,控制顺序如前所述。通过对供回水压力测量,DDC控制调节旁通水阀,当供水温度低于某一设定值时开大旁通水阀,当回水温度高于某一设定值时关小旁通水阀。根据冷却水供水温度启停冷却塔风扇。当冷却水供水温度低于某一设定值时,关停冷却塔风扇,系统通过DDC的优化控制达到使冷却水机组系统节能的目的。

16.供热系统自控功能:

供热系统将监测泵的启停状态报警和供回水的温度,称为供热系统自控功能。热交换系统的控制是根据压差传感器测量的热水泵两端的压力,控制旁通水阀的开度,保持所设定的压差值。热水温度是通过调节蒸汽阀的开度实现的。

17.给排水系统的自控方式：

依据系统要求,对给排水系统的设备运行状态进行监视、故障报警和启停控制,自动切换备用水泵,对水泵、水箱、关键阀门和水池(水箱)的水位进行监视、报警及故障提示,对给排水系统进行节能控制。

18.变配电系统：

变配电系统对高低压控制柜切换开关的电压、电流、功率、功率因数、频率的数值进行统计、过限报警以及状态监视；对变压器的设备进行温度监视,对系统进行节能控制,交连开关的切换状态监视,以及动力设备联动控制,报警和负荷记录分析,对租户的用电量进行自动统计计量。

19.照明系统：

照明系统可以将建筑物内照明设备按需分成若干组别,以时间区域程序来设定开关,以达到节能效果。当建筑物内有事件发生时,照明设备组做出相应的联运配合。如火警时,联运照明系统关闭,打开应急灯；当有保安报警时,相应区域的照明灯开启。

20.电梯系统：

电梯系统是连接与电梯系统的网络通信,对其进行集中监测和管理。通过系统管理中心,以图形方式显示电梯的运行状态,当电梯发生故障时,向系统管理中心报警；建立电梯运行档案和维护档案,对系统自动做出维护工作。

21.消防、喷淋系统：

对消防、喷淋系统的设备进行运行状态、故障报警、状态检测和管理,称为消防、喷淋系统。通过系统管理中心,以图形方式显示其运行状态,当发生故障时,向系统管理中心报警；建立设备运行档案和维护档案,对系统自动做出维护工作。

六、有线电视系统设备安装工程：

1.有线电视(CATV)系统：

CATV系统是指通过同轴电缆传输电视广播信号的系统。

2.HFC系统：

HFC系统是指以光纤作为传输干线,而以电缆作为用户分配网传输媒介体的一种混合结构传输系统。

3.三网合一：

三网合一是指有线电视网、计算机网络和电信网通过数字化处理后,将三个网络的业务综合起来成为一个新整体——宽带综合网络。

4.单向电缆电视系统：

单向电缆电视系统是指从前端将电视信号经干线传输、用户分配网络到各用户,而用户不能把信号回传给前端的系统。

5.双向电缆电视传输系统：

在单根电缆馈线上传输两个方向相反的信号,即除了将前端信号(下行信号)传到干线和分配给各个用户外,还可将用户端或分配点的信号(上行信号)回传到前端或其他用户,称为双向电缆电视传输系统。

6.前端系统：

前端系统是接在天线(或其他信号源)与干线传输系统之间的设备,任务是将信号源输出的各种信号进行分离、变频、调制、解调、放大、控制、对干扰信号进行抑制等一系列处理后,混合为一路复合信号送往传输分配系统。

7. 智能前端系统：

智能前端系统是一种具有自动切换、自动调整和自我诊断等功能的先进前端系统。

8. 干线传输系统：

干线传输系统指前端系统输出口到用户分配网输入口之间的传输环节。

9. 用户分配网：

传输系统的末端至用户盒（电视信号输出口）之间（由分支放大器、分配放大器、分支器、分配器、同轴电缆和用户盒等组成）的网络，称为用户分配网。

10. 混合器：

混合器是两个或两个以上的输入信号混合在一起，馈送到一根电缆的设备。

11. 引向天线：

引向天线又称为八木天线（或八木－宇田天线），由一个长度约等于半个波长的主振子、一个长度略大于1/2波长的反射器和n个长度略小于1/2波长的引向器组成，称为$n+2$单元天线。

12. CT2/1-5天线：

甚高频频段1-5频道引向天线。

13. CT2/6-12天线：

甚高频频段6-12频道引向天线。

14. CCTV-13天线：

特高频频道13频道及以上引向天线。

15. AGC：

自动增益控制。

16. ASC：

自动斜率控制（频谱斜率控制）。

17. MMDS：

多频道微波传输分配系统，即利用微波无线传输的方式来传输电视节目。

18. 交互电视（ITV）：

ITV是一种受用户主观意念控制的电视，即在节目内和节目间能让用户选择决定收看何种节目。

19. 交互电视网：

把电视节目、通信、电脑、电器及交互业务汇集为一体的大容量网络，称为交互电视网。

20. 干线放大器：

装在干线上用于补偿信号通过干线电缆使所造成的损耗的放大器，称为干线放大器。

21.载噪比：

图像或声音载波功率与噪声功率之比。

22.信噪比：

高频信号解调后所得的频率信号功率与噪声功率之比。

23.交扰调制比：

在系统指定点，指定频道上已调载波有用调制信号的峰值对有其他频道转移来的交扰调制成分峰峰值之比。

24.载波互调比：

在系统指定点，载波电压对规定的互调产物电压之比。

25.载波组合三次差拍比：

在系统指定点，图像载波电压与围绕在图像载波中心附近群集的组合三次差拍产物的峰值电压之比。

26.频道变压器：

频道变压器是将电视信号的载波频率按需要进行搬移而不改变频谱结构的设备。

27.信号处理器：

信号处理器是把天线接收下来的某一频道的电视信号，经过变频、处理，成为有线电视系统中传输的另一频道的电视信号的设备。

28.电视调制器：

电视调制器是把需要传输的电视视频信号、音频信号变成能够在系统中传输的高频信号的设备。

29.光纤耦合器（或光分路器）：

光纤耦合器是将一路光信号按一定功率分配比例分成多路光信号输出的器件。

30.光隔离器：

光隔离器是在光通路中防止光反射回光源的器件。

31.光复用器：

光复用器是在光域内进行时分复用、频分复用和波分复用的光学器件。

32.光衰减器：

光衰减器是一种用来降低光传输链路中光功率的无源器件。

33.光开关：

光开关是在光纤传输系统中用来切换主备光设备的无源光器件，使系统不间断工作。

34.光发射机：

光发射机是把从前端送来的高频电视信号转换为能在光纤中传输的光信号的光有源设备，它以半导体激光器作为光源。

35.直接调制光发射机：

直接调制光发射机是利用高频电视信号来控制半导体激光器的偏流，进而控制激光器的输出光强的光发射机。

36.外调制光发射机:

外调制光发射机是利用外加调制器控制激光器的光强度的光发射机。

37.光接收机:

光接收机是把从光纤传来的光信号转变为电平合适、噪声低、幅频特性平坦的电视信号送入用户分配系统的光有源器件。

38.光放大器:

光放大器是将光信号进行中继放大的光有源器件。

39.分配器:

分配器是将一个输入信号平均分配到两个或多个输出口的装置。

40.分支器:

将干线或分支线的一部分能量馈送给用户,而大部分能量仍沿主路输出的装置,称为分支器。

41.均衡器:

均衡器是一个高通网络,对低频衰减大,对高频衰减少的衰减器。

42.用户终端盒:

用户终端盒也称系统输出口,安装于用户室内,是有线电视系统给用户提供电视或其他信号的装置。

43.增补频道:

开路电视不能使用的分配给邮电、广播、军事通信的频道,但有线电视系统可使用的频道,称为增补频道。

44.寻址控制器:

由计算机等组成的对指定用户进行管理和控制的设备,称为寻址控制器。

45.视频加密器:

改变视频信号的特征,防止非授权用户接收到标准清晰的电视信号的装置,称为视频加密器。

七、扩声、背景音乐系统设备安装工程:

1.扩声系统:

扩声系统也称扩声设备。使用传声器、放大器、扬声器及有关设备(如均衡器、延时器等),使输出的声音信号得到放大,重放到较大面积、较多人员的成套设备。扩声设备在室内使用时,扬声器重放的声功率一部分反馈到传声器,增益达到一定程度会引起啸叫。作为一个良好的扩声系统,不仅要有良好的重放音质,而且要求不产生啸叫。

2.调音台:

调音台亦称调音桌,控制中心的重要设备。调音台是以前放置放大器为主体,包括输入、输出装置,还可以根据设计要求包括高低音调调节器、高低通滤波器、测试振荡器、监测音量表、高频补偿器、各种控制部分,有些调音台亦带有功率放大器。调音台的主要作用是放大传声器、拾音器等换能单元的微弱信号,并可根据扩音、录音、传送的要求对信号进行修饰处理,送到功率放大器。根据输入线路,调音台可分为8路、12路、16路、24路、32路等;根据线路输入,可以有4编组、8编组等;根据输出线路有主输出、辅助输出、矩阵输出;主输出还有2通道、3通道及SISTM空间成像三通道输出;根据电路原理,可分为模拟式调音台和数字式调音台；根据用途可分为专业调音台、录音调音台、键盘乐器调音台。为了使用方便,扩大用途,增加功放,所以调音台的辅助功能越来越多,成为播控声系统的主要控制中心。

3.SISTM 空间成像三声道输出调音台：

SISTM 是一个三维空间定位,具有声像移动效果的三声道扩声系统。主要是由具有 SISTM 空间成像三声道输出调音台来实现。其原理是一个单声道输入系统或两声道输入系统,它是通过专用电位器在电路中跨接而成,从而得到三声道输出,通过电位器旋转实现左、中、右声道音量平衡和声像定位。与以往立体声调音台不同,它能实现左、中、右声像移动效果,是三维空间成像系统,在扩声和录音中已经开始使用,并得到良好空间听音效果,既有左中右声像移动效果,又有良好的声像深度感,这一技术的使用,特别对剧院、多功能厅等场所扩声质量和音响效果带来崭新的概念和良好的效果。

4.均衡器：

声频系统设备中,用以对声频信号进行频率补偿或衰减的设备,使用频段内的频谱得以平衡,称均衡,又称频率均衡器。频率均衡器有固定频率均衡器、半参数频率均衡器,参数(频率)均衡器等程式。按频带宽分,有倍频程均衡器、1/2 倍频程均衡器、1/3 倍频程均衡器。带宽不变的称定 Q 均衡器,带宽可变的称变 Q 均衡器。用推拉电位器控制均衡的称图示均衡器,用以控制房间声场的称房间均衡器。通常中心频率的均衡量为 $\pm(12\sim15)$dB,输入阻抗大于 $20k\Omega$,输出阻抗小于 100Ω,传输系数为 0。失真、信噪比、频率响应等,在设备接入系统时,不应影响系统的总性能。

5.参数均衡器：

全部均衡器频段的中心频率或带宽或相位都可变的均衡器。

6.压缩器：

一种可变增益的放大器。小信号时按正常增益放大,大信号时增益变小,即斜率改变。大信号和小信号交叉处为门限电平或起控电平。大信号时增益压缩比有 1:2；1:3；1:5；1:10；1:20；1:40 等。

7.激励器：

依据心理声学,增加及补偿输入音频信号中的高次谐波成分,以提高扩声系统的语言清晰度和音乐明亮度的设备,但也有增补低频谐波成分,使歌舞厅或迪厅音乐更加浑厚和加大力度的功能。

8.噪声门：

(1)当信号电平降到某一预定阀门电平以下时,以内装自动转换电路断开输出线路的装置。

(2)无有用信号时,放大器的增益自动减少(比如下降20dB),使噪声也降低,但无损于有用信号的增益。

9.延时器：

将声频信号存储在元器件中,延迟一段时间后将信号传送出去的装置,称为延时器,分为数字式和模拟式两类。模拟式延时器用 BBD(电荷耦合型器件)集成电路作延时线,它的等放电路由储存和传输电荷的许多"节"组成,每一节由 MOS 场效应管和电容器组成。延迟时间的长短与节拍快慢(时钟频率)和 BBD 的位数有关。

10.反馈抑制器：

在厅堂扩声系统中,室内同时存在使用传声器和扬声器,由于扬声器到传声器直接和间接的传输引起声反馈,严重时引起频率畸变和再生混响干扰,甚至会引起啸叫,使扩声系统无法工作,为了避免这种反馈引起的啸叫,采用跟踪并抑制啸叫点和频率移动错过啸叫点频率的设备叫作反馈抑制器。使用反馈抑制器可使厅内传声增益提高3～5dB。

11.功率放大器：

功率放大器是由电压比较小、功率也比较小的信号推动,能向低阻抗负载输出大功率的放大器。可以是多级放大器的最后一级,也可以是一个单独的设备。负载通常是一个或多个扬声器或其他换能器。

12.降噪器：

降噪器是用来降低传输通道产生的噪声、录放音时的磁带背景噪声以及存在于节目源上的噪声,有两种类型：互补型系统和非互补型系统。

13.分配器：

分配器是将一个音频信号输入通过变压器耦合变换为相同几个信号输出的设备。

14.切换器：

切换器是将一路音频信号输入到几个不同输出线路中任意一路的设备,或将几个不同音频信号的任意一路输出到一只音频线路的设备。

15.变调器：

变调器是一种专用的信号处理设备。可以预调比原音调提高一音阶或降低一音阶的任何位置。用来实行和谐、重音、合唱、和弦、节拍的时间压缩和扩展,达到多种效果。

16.数字音频处理器：

数字音频处理器是将音频模拟信号变换成数字信号(A/D变换),进行一系列音频加工,如压缩、限幅、均衡、分频、延时等处理后,又变换成模拟信号的设备(D/A变换),像美国的ISP-100,赛宾工作站ADF-4000,百威音频媒体矩阵X-Fram88和网络传输CobraNet的CAB系列设备等。

17.扬声器箱：

扬声器箱又称音箱,把扬声器单元装入箱体中的装置,其目的是增加低频辐射阻。常用的形式有：①后开启式；②封闭式；③开口式(包括倒相式)；④迷宫式等。

18.返送音箱：

返送音箱是为了保证讲演者、主持人、演员、乐队、合唱团人员能听到自己的声音,放置在演唱者前方或两侧的音箱。

19.返次反射声音箱：

返次反射声音箱是用电声方法在厅堂中模拟和补偿建筑声学中近次反射声声级不足的音箱。一般放置在厅堂左、右侧墙前方。

20.拉声像音箱：

厅堂内在舞台扩声系统中,为解决前排及贵宾席区的声音来自声桥(拱顶),声音和舞台图像不一致的问题,在舞台台唇或舞台两侧布置音箱；经声级比例调试主音箱延时的方法,使前排贵宾席观众听到声音来自舞台演员的音箱,称为拉声像音箱。

21.分频器：

分频器是将进入PA系统中全频带音频信号(20Hz～20kHz),经调音台及周边设备加工后,经有源(或无源)电子滤波器分成高频和中、低频(或高、中、低频等)送入不同功率放大器推动高频音箱和中、低频音箱的设备。

22. 无线传声器：

传声器是将音频信号通过频率调制 V 段或 U 段高频信号发射的部分,而接收 V 段或 U 段高频调制信号解调成音频信号进行前级或线路放大传输给调音台或其他设备,称为无线传声器接收设备,有时简称无线传声器。

23. 卡座：

卡座类似收录机,但不具有放声部分,只输出音频线路信号(电平),但比一般收录机频带宽、S/N 高、功能多。

24. CD、VCD 或 DVD：

CD 机是指市面上激光唱机。

VCD 机是指市面上播放视频图像的影碟机。

DVD 机是指市面上播放视频图像的带有 AC-3 解码器输出成为左、中、右、左环绕、右环绕及超重低音的 5.1 音频声道的影碟机。

25. 搓盘机：

搓盘机是演奏表演者(也称 DJ 骑士)将模拟胶木电唱盘,用左、右双手来回水平搓动,使其声音发生异变的专用电唱机。

26. 背景音乐广播：

背景音乐广播是指应用于宾馆、商场、公园公共场所的一种广播方式。其能够掩盖环境噪声,融洽气氛,创造一种轻松舒适的环境,但又不影响人们相互之间的交谈。

27. 紧急广播：

紧急广播包括事故广播和消防广播(也称火灾应急广播)等,与背景音乐广播相比,其具有优先广播功能,消防广播还要符合国家消防设计规范等要求。播放紧急广播时的扬声器功率和其所产生的声压级要远高于背景音乐。

28. 数字调谐器：

数字调谐器全称是石英锁相数字调谐器。用于接收中波调幅广播电台或调频广播电台播送的节目信号。其本机振荡器采用高精度石英锁相数字频率合成器,调谐电台工作采用电子调谐,一般数字调谐器均可存储 20～30 个电台,使用十分方便,但要架设接收天线才能收到良好的使用效果。具有左、右声道线路输出,输出电压：调幅广播 150mV(30% 调制)；调频广播 650mV(100% 调制)。

29. 数字信息播放器：

数字信息播放器是采用专用语音集成电路或储存卡作为数字语音信息录、放音的介质。可选择播放已录的信息或者自动反复播放这些信息。它包括数字式单放播放器(例如,大型市场开店迎接宾客的配有背景音乐的欢迎词,包括汉语、英语或其他语种；闭店时与宾客的配乐告别词等),数字式录、放播放器(自行录制的常用语音信息)。

30. 遥控传声器：

遥控传声器在公共广播系统中,作分区广播或紧急广播之用。它配有带有优先功能的定压功率放大器(例如 ZVP 或 VP 系列)作分区选择呼叫广播或全呼广播,较之背景音乐节目具有优先广播功能。用于紧急广播时可自动切断背景音乐节目广播,紧急广播结束又自动恢复背景音乐广播。在遥控传声器连接线缆中,除了一对直流 24V 供电线、一组带屏蔽的平衡输出音频电缆外,每一控制分区需要一条控制线。遥控传声器与受控功放之间的距离(线缆长度)以不超过 150m 为宜。

31.多通道台式机箱：

多通道台式机箱是一台高度为3U,安装在19英寸标准机架上的机箱,它的后面装有印制板插座和相应的连接线,上、下有印制板插入导轨,最多可以容纳40mm宽的前级插入单元(或称模声)10块。上述插入单元的功能包括24V直流供电、信号放大、信号产生、信号处理、信号切换等。根据使用功能的需要将这些单元进行组合以便实现某些确定的信号前级处理功能,节目信号源通过它进行处理,而输出信号送至定压功率放大器的输入端。其优点就是可灵活、方便组成适应不同功能要求的系统,以适应不同场合背景音乐广播的需要。

32.传声器输入单元：

传声器输入单元(模块)是多通道台式机箱的插入单元之一,通过该单元可从面板上方便地插入两种传声器插头：①DIN五芯插头；②D6.35mm插头。从而完成传声器信号与主机的连接。DIN五芯输出插座经由电缆与传声器放大器的五芯输入插座相连接。传声器输入单元前面板上配有"讲话开关",当按下该开关后,传声器才能起作用。

33.继电器切换单元：

继电器切换单元(模块)可用于备用放大器的切换,节目或广播服务区域的选择,或改变传声器的优先级顺序等多种用途。具有6路输入,5路输出,继电器接点电流为AC220V4A或DC30V5A。面板上有5个切换控制键、1个复位键及相应的指示灯。

34.数据接收单元：

数据接收单元是数字或遥控传声器使用的设备,把来自数字式遥控传声器发出的经过编码的控制数据信号进行解码,还原为控制信号,进而控制受控功放以实现优先广播。

35.语言信息单元：

语言信息单元(模块)由可擦写的语音芯片等电路构成,最多可录制不超过60s的语音信息,常用于紧急广播。

36.钟声单元：

钟声单元(模块)是一个钟声信号发生器,可在讲话之前对听众发出提示音,提醒听从关注下面的讲话内容。其工作方式是,首先按下传声器输入单元面板上的"讲话开关",钟声单元面板上的红色指示灯点亮,钟声信号播出,等到该红色指示灯熄灭,绿色指示灯点亮时才可以讲话。

37.报警信号单元：

报警信号单元(模块)可产生双音报警信号或其他报警信号,时间可以在几秒至几十秒之间循环播放。设有音量、速度、时间、频率控制。

38.报警/钟声信号单元：

报警/钟声信号单元由多种音调信号(通过内部预置)选出2种钟声和1种报警信号,按一定的优先顺序进行播放。

39.传声器前置放大器：

传声器前置放大器可将传声器输出的微弱的语音信号进行放大,采用电子平衡输入方式,具有多种可选功能,输出电平大于-20dBV。

40.辅助放大器：

辅助放大器的全称是辅助前置放大器(单元),可将调谐器、CD唱机等节目信号源设备的输出信号予以放大或接入系统。可采用电子平衡或单端输入方式,输出电平可调,并具有哑音功能。

41.线路放大器：

线路放大器用于辅助放大器与定压功率放大器之间作电平匹配之用。可将节目信号电平由-20dBV放大至0,具有高、低音调节,输出电平调整以及输出电平显示功能。

42.节目选择器：

节目选择器用于从几套背景音乐中选出一套节目信号,送至线路放大器及功放,供播出之用。连接方式有两种：平衡方式和不平衡方式。通常采用不平衡方式。多从辅助前置放大器或传声器放大器输出作为其输入信号。

43.分区选择单元：

分区选择单元可将输入节目信号分配或分区输出,具有节目信号和优先信号两种输入。节目信号可直接送至五个分区输出,采用面板按钮手动或遥控方式可以切断相应节目信号的输出而代之以优先信号,同时相应指示灯点亮。面板上备有复位按钮。

44.直流电源单元：

直流电源单元为多通道台式机箱中的插入单元提供24V、0.5A直流稳压电源(由交流220V供电),该单元宽度为80mm。

45.转接单元：

当一台多通道台式机箱容量不够用,需再增加一台的时候,为了保持两机箱的电器连接而采用"转接单元",每个机箱各插一块,两块"转接单元"用一条专用电缆连接起来。这样两台多通道台式机箱就扩展成为一个可容纳18块40mm宽的前级插入单元的机箱。

46.节目定时器：

节目定时器可以根据广播节目安排的需要预置定时广播开关机以及广播节目的定时播出等功能,通常与现场播音器配合使用,可以预置一周的节目安排。

47.电话接口设备(又称电话耦合器)：

电话接口设备是将电话信号送到其他音频系统的连接设备。在公共广播系统中,作为另一种语音输入设备的重要组成部分。它与电话配合使用(需经过密码授权)可以进行全呼广播,也可以分区广播。它常用于业务性广播或寻呼广播中,有时也用在紧急广播中。

(1)用于会议及对讲系统时,音频信号为双向,接口不带输出的控制信号。

(2)用于广播系统时,除有语言信号输出外,还应有控制信号输出,用于对接入设备的控制。在电话耦合器上,实现对电话通信系统与接入系统实现隔离,防止出现交流噪声。

48.消防报警广播盘：

消防报警广播盘是一种用于消防报警的语音输入设备。它具有手动控制和自动控制两档。置于手动控制档时,可通过传声器进行报警广播,经过放大后送至消防广播功放;置于自动控制档时,来自消防联运控制信号首先接通报警广播的楼层,经过几秒钟延时后启动,播放本盘预录在语音存储芯片上的消防报警语音信息,经过放大后送至消防广播功放。本盘的供电,取自消防广播功放的直流24V输出。

49.监听检测盘：

监听检测盘通过选择开关最多可选择监听十路功放输出信号,VU表显示输出电平的高低,监听音量可调。不同厂家产品其监听路数可能有所不同。

50.电源控制器:

电源控制器用来向主机设备集中提供可控或不可控交流电源以及小电流的24V直流电流。此外,尚有带锁的、各电源插座可顺序接通电源的电源控制器,也有用消防强制切换的整流输出达数安培的直流24V电源控制器。

51.风扇单元:

风扇单元是放置在机架顶部的通风散热装置,起降低机架内部温度的作用,为功率放大器等发热较多设备的正常工作提供良好的散热环境。具有"手动控制"和"自动控制"两档。采用交流220V供电。

52.接线箱:

在背景音乐广播机架中,接线箱是机架设备内部连线与外部线路的接口设备。位于机架最下方,机架设备内部所有连线均焊接在接线箱指定输出端子的可焊端一侧,而采用螺钉与外部线路相连接,便于设备与线路的维护。

53.紧急电源:

在背景音乐和紧急广播系统中,为了提高系统的可靠性,特别是在交流220V断电的情况下,保证紧急广播信号的播出,就需要采用"紧急电源"。紧急电源是由24V镍镉蓄电池组充电器、输出电压控制电路和容纳两组24V镍镉蓄电池组的电池仓组成。平时给电池组充电,充满后改为小电流浮充,但不对外供电,只有交流220V断电时,才对定压功放以及遥控传声器等提供24V直流电源。

54.控制台:

在一些规模较大的广播系统中,为了操作、控制方便起见,常常把广播节目源、前级处理设备与传声器等安装在控制台上。一个控制台的宽度为1200mm,台面高度为700mm,立面最高处为1100mm,前后纵深为1100mm。通常,广播节目源设备安装在控制台立面部分,前级处理设备与传声器放置在台面部分。

55.楼层接线箱:

楼层接线箱是背景音乐和紧急广播系统中用来连接来自广播机房的弱电竖井广播系统总线与每层扬声器线路的汇接装置(在竖井中每层设置一台)。可对客房区输出具有消防切换功能的广播信号;可对公共区输出三线制广播信号,也可输出不带背景音乐的单一消防广播信号。

56.球形扬声器:

在建筑物较高的大堂部分,有时没有吊顶。此时采用球形扬声器用吊杆或吊线悬挂在空中,既具有装饰效果,又能播放广播节目,还解决了不便于安装吸顶扬声器的问题。球形扬声器的放音功率在6~30W不等,可根据实际需要选用。

57.壁挂音箱:

在不宜安装吸顶或球形扬声器的房间或教室可考虑选用挂装在墙壁上的音箱,称为壁挂音箱,通常采用与墙壁颜色相近的浅色调。

58.室内声柱:

室内声柱是由纤维板、工程塑料等具有一定强度的材料作为箱体,根据输出功率的需要内置一定数量的扬声器单元,这些扬声器单元按一定的间距竖直排成一列。其水平辐射图形呈心形,垂直辐射图形呈长椭圆形。通常用于网球馆、游泳馆及其他室内运动馆和地下停车场等。

59.室外声柱:

室外声柱是由防晒、防潮湿、防雨淋并具有一定强度的材料(铝合金)作为箱体,根据输出功率的需要内置一定数量的扬声器单元,这些扬声器单元按一定间距竖直排成一列。其水平辐射图形呈心形,垂直辐射图形呈长椭圆形。通常用于广场、运动场、操场、公园、道路旁等场合。

60.草坪扬声器:

草坪扬声器适用于公园、绿地等场所播放背景音乐之用。其外形有蘑菇形、假山怪石形、灯柱形等。

61.室外防盐雾扬声器:

室外防盐雾扬声器用于海边、海轮等处,具有防盐雾腐蚀的特性。

62.水下扬声器:

水下扬声器用于游泳池,为水中芭蕾舞做伴音之用,是一种特制的真正防水扬声器,发出的声音在水介质中传播。

63.平板式扬声器:

平板式扬声器也称扬声器板,用于档次较高的房间,外形就像是一块标准的大芯板(592mm×592mm),在天棚里面,板中心放置超小型扬声器磁钢和音圈,输出功率为6W。在应用中把它作为一种天花板使用,因其颜色与周围的天花板一样,令人分不出播放的背景音乐来自何方。

64.镜框扬声器:

镜框扬声器是由平板式扬声器演变而来的,用于档次较高的场合。因镶嵌在镜框中,可具有一定的强度,功率也可做得大一些,可达60W左右。配上饰画挂在房间还可以起到装饰作用。

65.音量控制器:

音量控制器是背景音乐广播系统中控制扬声器音量大小的一种电子装置,在系统中既可采用两线制接法,又可采用三线制接法。在后一种接法中,即使音量控制器处于"断开"位置而听不到背景音乐广播信号,但当进行紧急广播时仍可自动强制接通扬声器,实现紧急广播。

66.集中控制板(又称床头柜面板):

集中控制板是指宾馆客房中的电器设备的开关集中在床头柜一个控制面板上,方便客人操作控制。其中上述电器设备的开关属于强电控制部分,而客房背景音乐的节目选择,音量控制以及消防广播属于弱电控制部分。播放客房背景音乐通常是从四套节目中选出一套再进行音量控制播出。

就客房集中控制板的功能而言,随着被控电器的多少而有所不同。就客房集中控制板的分类而言,可分为机械开关型和电子轻触开关型。就外观而言有控制板式,也有控制盒式。总之,随应用场合及设备投资不同而有所不同。

67.数字式遥控传声器:

数字式遥控传声器是在分区遥控传声的基础上,把原来一对一的控制线改为一对双绞线的数据线,在控制信号为10～20路范围内对控制信号进行编码,然后在广播机房通过数据接收单元进行解码,再还原成某路的控制信号,来控制带有优先功能的定压功率放大器(例如ZVP或VP系列)作分区选择呼叫广播或全呼广播,较之背景音乐节目具有优先广播功能。用于紧急广播时可自动切断背景音乐节目广播,紧急广播结束又自动恢复背景音乐广播。

68.多媒体广播主机:

多媒体广播主机是指把计算机多媒体技术应用于背景音乐和紧急广播系统中作为广播控制主机。其中一种形式是采用多媒体计算机通过专用软件(多媒体广播控制系统软件、音频录入编辑软件)在屏幕上形成节目信号处理设备界面,控制节目信号放大的增益和切换;有的还把节目信号源集成在计算机中,利用网络上丰富的音乐资源作为广播节目源进行定时广播设置;有的不采用PC机,而用自带屏幕的主机进行广播的控制及管理,形式是多种多样的。其周边设备通常包括节目源、功率放大器以及切换器等,需视主机的情况而定。

69.消防紧急广播设备:

消防紧急广播设备由紧急广播主机(EP-0510)、连接器(JP0410)组成。连接器同消防报警系统每区的干接点端子相连,接收到报警信号后启动主机发出操作引导指示。由于火灾事故具有突发性,因此,消防广播控制系统要求具有中文操作提示(声音)功能,一旦发生消防报警时,消防值班人员可按照提示内容进行操作。要求消防紧急广播系统能够准确、迅速地进行疏导广播。无论是自动(与火灾报警系统联动)还是手动的情况下,都能由该系统发出声音警报。消防紧急广播含二阶段警报广播动作和警报解除广播动作。若系统警报被错误启动后,可按动简单按钮即能中止警报并会发放并无紧急事故的广播,从而避免引起恐慌,使人们能轻易分辨出是真实还是错误的警报启动。

发生警报时,在消防警报控制室将火灾疏散层的扬声器强制转入紧急广播状态。消防报警控制室能显示紧急广播的楼层,并能实现自动和手动播音两种方式。消防紧急广播控制器的广播连动区,可以被设定,最多可以连动全区域。消防紧急广播系统和广播控制系统的边线有一对音频线和一对通信线(RS-485接口)组成。

系统备用自动检测功能可维持系统的持续安全操作状态,这项功能会不断检测所有必需的装置,如紧急控制面板、功率放大器、电池等,以确保系统能在紧急事故发生时维持正常工作。

70.媒体矩阵控制主机:

在专业音响界,媒体矩阵是集音响、通信、多媒体于一身的先进音频处理系统。具体地说,媒体矩阵是一个软、硬件的集成系统。核心部分是一个功能强大的、高效的DPU引擎,内部包括数百种音频设备,绘图元件、测试和诊断工具,称为媒体矩阵控制主机。音响系统设计师可以用一个直观的、简单的用户界面去设计并控制复杂的音频系统。其中 Mware 软件系统是媒体矩阵的灵魂,是一个界面友好的基于 WindowsNT 操作系统的32位应用软件。上述的数百种音频设备(如调音台、反馈抑制器、均衡器等)都包含在 Mware 软件的设备菜单中。在用户界面上,它具有四种操作模式:编辑模式、布局模式、连线模式和控制模式。

媒体矩阵主机按所支持的 DPU 卡的多少可分为 900 系列、700 系列、Miniframe 系列和 X-Frame88 等种类。例如,MM-980nt 主机采用 Intel 奔腾 III800MHz 的 CPU,最多可插入 8 块 DPU 卡,每块 DPU 卡具有 32 路输入和 32 路输出通道。

71.媒体矩阵接口设备:

媒体矩阵主机是通过与之配套的接口设备与周边设备相连接的。媒体矩阵接口设备有 BOB 接口机、16XTAES3 专用接口机和 CAB 系列网络音桥(接口机)。

72.媒体矩阵周边设备:

媒体矩阵周边设备是与媒体矩阵接口设备相连接的周边设备。包括传声器、节目源设备、功率放大器等。此外作为主机的周边设备还有显示器、PC机等。

八、电源与电子设备防雷接地装置安装工程:

1.UPS 电源:

UPS(Uninterruptible Power System)是交流不间断电源的英文名称缩写,由整流器、逆变器、蓄电池和一些辅助器件组成的不停电电源,可保证用电设备的不间断供电。

2.开关电源：

开关电源是一种功率转换效率较高的稳压电源，它是由于功率调整器件工作在高速开关状态而得名。

3.消雷器：

消雷器是一种机理不同于避雷器的防雷装置，在雷电场下通过消雷器的针尖产生的电晕电场中和雷电的作用，降低雷电场强以达到消除雷电的目的。

4.避雷器雷电通流 8/20μs　××kA：

8/20μs 指的是脉冲波前时间为 8 微秒(上升沿)、半峰值时间为 20 微秒(脉冲的下降沿)的雷电波；××kA 指通流容量的数值为 ×× 千安。

九、停车场管理系统设备安装工程：

1.停车场：

停车场是公共场所(大型商场、宾馆、娱乐场所、智能小区等)用于停放各种车辆的场所。通常分为室外(或露天)停车场和室内停车场(含地下停车场)两种。从建筑物的角度来说，也可以分为单层停车场和多层停车场；从停车的泊位来说，也可以分为大、中、小型停车场，停放的车辆从几十辆、几百辆至上千辆。停车场的用户有固定用户、长期用户和临时用户之分。

2.停车场管理系统：

负责引导停车场车辆、收发停车凭证、调度泊位、收取停车费以及场内车辆监控、安全管理的一整套机电系统，称为停车场管理系统。由车辆检测识别设备、出入口管理设备、显示和信号设备以及监控管理中心等设备组成。

3.电感线圈车辆探测器：

利用埋地线圈的电感量变化来探测车辆通过或存在的一种电子装置，称为电感线圈车辆探测器，由线圈传感器和数据处理机两部分组成。通常分为单通道和双通道两种检测器，可以用于出入口的车辆计数、测速、图像抓拍、控制电动栏杆等。

4.红外车辆探测器：

红外车辆探测器是利用对红外光的阻断与否来判断是否有车辆通过或存在的一种装置。它由几十对垂直排列或水平排列的红外光收发器以及相应的处理器组成。常用于车辆分离、车辆分类、测速、计数等场合。

5.车位探测器：

车位探测器是一种检测车位是否被占用的装置，通常采用无源电感检测方案。

6.车辆分离器：

车辆分离器是一种能分离出前后相继两辆车通过时的装置，通常采用红外光检测原理。其功能是既不能将相隔很近的两辆车误认为是一辆车，也不能将一辆车(如拖挂车)误认为两辆车。

7.红外车型识别仪：

红外车型识别仪是利用红外光收发原理(接收或阻断)，测量出车辆的物理参数，如车长、车高、轴数、轴距、轮数、轮距、底盘高度等，据此对车辆类型进行分类的一种装置。它有若干对水平排列或垂直排列的红外光收发器以及数据处理机组成。常用于不停车收费管理系统(ETC)。

8.车牌识别装置：

车牌识别装置是能识别其车牌照(包括颜色、字符和数字)的一种装置,通常由车辆触发器、摄像机、辅助光源、图像信息处理机以及相关的处理软件等组成。常用于不停车收费管理系统(ETC)。

9.出入口控制机：

出入口控制机是停车场出入口的关键设备,主要功能有收发、读写停车凭证；完成收费、打印收据；与管理中心进行数据交换和信息传输；控制周边设备,如显示设备、电动栏杆等。通常由工业控制机、通信板、I/O板、继电器板等部件组成。

10.出入口对讲分机：

出入口对讲分机是一种内部通信设备,用于出入口管理人员与中心管理人员之间的内部联系,一般不进入系统的交换设备。

11.电动栏杆：

电动栏杆由出入口控制机控制的挡车器,每个出入口各一套,用于禁止车辆通行或车辆放行。由栏杆、传动机构、电机以及控制电路组成。

12.车辆计数器：

车辆计数器仅用于统计车辆通过数量的装置,设备组成与工作原理基本同"电感线圈车辆探测器"。

13.磁卡通行券发卡机：

磁卡通行券发卡机是手动发放纸质磁条通行券的设备,它由磁条"写"装置、传动机构、切纸机构等部件组成。卡内主要写入的信息有：车型、车牌号、颜色以及进场日期和时间等。

14.IC卡通行券发卡机：

IC卡通行券发卡机是手动发放接触式IC的设备,它由IC卡"写"装置、传送机构等部件组成。卡上写入的信息同"磁卡通行券"。

15.非接触式IC卡发卡机：

非接触式IC卡发卡机是手动发放非接触式IC卡的设备,由IC卡"写"装置、天线、射频装置、卡箱、卡机等机构组成。卡上写入的信息同"磁卡通行券"。

16.通行券自动发券机：

通行券自动发券机是一种无人值守的发放通行券的设备,使用人通过按键操作就可以取得通行券或停车凭证。工作原理有点像银行ATM自动柜员机。

17.磁卡通行券阅读机：

磁卡通行券阅读机是读取磁卡上存储信息的设备,由磁卡"读"装置、传动机构、磁卡回收箱组成。

18.IC通行券阅读机：

IC通行券阅读机是读取IC卡上存储信息的设备,由IC卡"读"装置、传动机构和IC卡回收箱组成。

19.非接触式IC卡阅读机：

非接触式IC卡阅读机是读取非接触式IC存储信息的设备,由IC卡"读"装置、天线、卡箱、卡机等机构组成。

20.停车计费显示器：

停车计费显示器是显示停车费用的装置,通常由超高亮度的LED组成。显示的内容包括车型、停车费用等,由出入口控制机控制。

21.语音报价器：

语音报价器是能自动播放停车费用和文明用语的装置,由出入口控制机控制。

22.停车场标志牌：

停车场标志牌是标明该停车场位置和引导路径的大型显示牌,显示内容通常是固定的,一般采用灯箱式结构。安装位置通常是在离停车场不远的主要干线和交叉路口处。

23.停车场空满显示板：

停车场空满显示板是标明该停车场内是否有空位以及有多少空位的可变显示装置,一般由超高亮度的LED、彩色显示条、指示灯等器件组成。"空""满"显示可采用灯箱结构。

24.出入口标志板：

出入口标志板是停车场出口或入口的标志牌,通常可采用灯箱式结构。

25.场内车位显示板：

场内车位显示板是标明停车场内哪些泊位是空的,哪些泊位是已被占用的一种可变显示装置,通常采用超高亮度LED或灯箱式结构。场内车位显示板的作用是减少入场车辆在场内盲目寻找空位消耗时间,尤其是用于多层停车场。

26.通行引导信息牌：

通行引导信息牌是停车场内指示通行路线的显示装置,一般是采用灯箱式显示结构。

27.模拟地图屏：

模拟地图屏是管理中心内的一种大型显示装置,可以用马赛克模块拼接而成。背景是停车场内的停车位和通道分布图以及系统设备布局图;屏中,可用各种指示灯、数码管、显示条块等器件动态显示出入口交通量、场内停车位占用情况、可变显示装置的显示信息以及系统内各种设备的工作状态等。

28.监控管理中心控制台：

监控管理中心控制台是集信息采集、汇总、处理、分析、记录、显示、输出,出入口设备控制,电视监控设备操作,安全管理等功能于一体的停车场管理系统的核心装置设备。由系统服务器、工作站、显示器、打印机、多功能控制键盘以及通信传输装置等设备组成。

十、楼宇安全防范系统设备安装工程：

1.门磁开关、窗磁开关：

门磁开关、窗磁开关是由干簧管与外磁场组成的磁-电转换传感器。干簧管和外磁场分别安装在门窗的固定部分和活动部分。门窗的开或关,干簧管与外磁之间的距离发生变化,开关的状态也发生变化。

2.紧急脚踏开关、紧急手动开关：

紧急脚踏开关、紧急手动开关是一种按压式机械开关。两种开关直接与报警中心连接,在紧急情况下由人工操作报警。外部结构不同,脚踏开关的操作部分面积较大,便于用脚操作,手动开关操作部分较小。

3.紧急无线脚踏开关、紧急无线手动开关：

紧急无线脚踏开关和紧急无线手动开关的开关部分与"紧急脚踏开关"和"紧急手动开关"相同,不同的是它不通过线缆直接与报警中心连接,而连接到无线报警发射机的输入端。

4.主动红外探测器：

主动红外探测器由红外发射器和红外接收器组成。收发之间形成一个红外传播场,组成有一定宽度的"线"警戒区。

5.被动红外探测器：

被动红外探测器只有红外接收器,探测附近红外场的变化,当红外场强度增大,超过设定的门槛时就输出报警信号。

6.红外幕帘探测器：

红外幕帘探测器由多套主动红外探测器或被动红外探测器组成一个"面"警戒区。

7.红外微波双鉴探测器：

红外微波双鉴探测器又称"多技术复合探测器"。红外部分探测红外场的变化,微波发射与接收探测微波反射信号的变化,当两种探测方式都输出报警信号时才确认是真正的报警,提高了报警的可信度。

8.微波探测器、微波墙式探测器：

微波探测器、微波墙式探测器其基本原理都是由微波发射和微波接收构成一个微波传播场。不同的是发射器与接收分离布防时,探测微波被遮挡的变化。发射器与接收器集中布防时,探测微波被反射的变化。

9.超声波探测器：

超声波探测器由超声发生器与超声波接收器构成超声波传播场。当传播场被外界扰动时,接收器就输出报警信号。

10.激光探测器：

由于激光的单色性和相干性好,光束发散角小,激光发射器和激光接收间可构成长距离的"线控警戒"。

11.玻璃碎探测器：

玻璃碎探测器是利用玻璃碎时特有声波中的频率特征检测报警。有滤波型和波形分析型两种类型。

12.震动探测器：

入侵者撞击或破坏行为产生震动,震动就有压力和波动,震动探测器检测压力和波动的变化输出报警信号,有压电式和电动式两种检测方式。

13.驻波探测器：

驻波探测器是一种交流电场检测器。交流电磁信号有波峰和波谷,正常传播情况下,波峰和波谷相对位置是固定的,当传播场有扰动时波峰和波谷的相对位置发生变化。检测这种变化,输出报警信号。

14.泄漏电缆探测器：

同轴电缆的屏蔽层上有规律地预留许多小圆孔,当同轴电缆中有交流电磁波传输时,小孔中就会泄漏出一部分电磁波。两根平等敷设的泄漏电缆一根作为发射电缆,另一根则是接收电缆。两根电缆之间构成一个"面控警戒区"。

15.无线报警探测器：

无线报警探测器是由无线发射器和各种探测器组合而成的小系统,通常用于远离控制中心又不便敷设线缆的分控区域。

16.多线制防盗报警控制器,总线制防盗报警控制器：

防盗报警控制器能直接或间接接收各种入侵探测器发出的报警信号,发生声光报警并能指示入侵发生的部位;为全部探测器提供直流工作电源。多线制就是传统的防盗控制器,根据探测器的多少选择相应输入端口的控制器。总线制就是通过地址总线、数据总线和控制总线与计算机相连,许多工作由计算机来完成,其容量扩展、功能扩展更容易。

17.有线对讲：

有线对讲是一种系统指挥调度和人员之间通信的内部电话,各话机之间通过一个专用控制设备切换接通。

18.报警信号前端传输设备：

探测器安装现场与控制中心通常不在一起,要把报警信号送到控制中心,就需要有传播媒介和相应的传输设备。电话线传输发送主要要求其输出阻抗、信号形式和信号电平符合电话线的规程。电源线传输发送器中电源线的主要功能是输送电源,作为复用方式传输信号,除了阻抗匹配,衰减电平等因素外,更要考虑互相之间的隔离安全。无线传输发送器,实际就是无线发射机和天线的组合。网络传输接口就是把信号通过现有网络进行传输,由接口卡和软件组成。

19.无线报警发送设备：

作为报警信号无线传输的始端,无线发送设备把报警信号经过调制射频功率放大,由天线发射出去。根据传播距离要求发射功率有所不同,有2W以下小功率发射机和5W以下中小功率发射机。无线报警传输设备一般是指近距离小功率的无线报警传输,包括无线报警发射机发射天线,天线报警接收机接收天线等。

20.报警信号接收机：

报警信号通过有线传输,而线缆的种类较多。接收机都是与发射机相对应的。电话线接收机接收"电话线传输发送器"送来的报警信号;电源线接收机接收电源线传输发送器送来的报警信号。共用天线信号接收机是一个宽带接收机,因为共用天线上接收到的各种信号,可能被调制在不同的载频上,该接收机的输入载频频带宽度要能满足接收信号频带宽度的要求。

21.读卡器：

读卡器作为门禁系统等入口管理的识别手段之一。进入者持有证明身份的磁卡,在读卡器上刷卡后即可得到允许进入或拒绝进入的信息。不带键盘的读卡机,其所有识别信息全在磁卡内。带键盘的读卡机除磁卡识别码外,还要求输入识别码,两次识别可信度更高。

22.密码键盘：

密码键盘与密码识别设备联用,作为密码输入的外部设备。

23.门禁控制器：

门禁控制器是门禁系统的控制中枢。把出入读卡器、用户对讲电话、电控门锁等统一管理起来,构成完整的门禁系统。根据实际应用需要,可控的容量大小不等,通常以可控门数多少来区分。

24.电控锁、电磁吸力锁：

电控锁、电磁吸力锁通过加上规定的电压,远距离控制门锁的开启。结构各异,原理基本相同,常用于门禁系统中单元门的出入控制,开启按钮在各用户室内。

25.自动闭门器：

自动闭门器是一种能存储应力、自动恢复稳态的机械装置,安装在门上。当门被外力推开时,该装置产生一定的应力,处于暂态,当开门的外力消失后,该装置释放应力,使门关闭,恢复到稳态。

26.黑白CCD带定焦镜头：

黑白CCD带定焦镜头俗称CCD摄像机,指带定焦镜头的黑白摄像机。摄像机的光电转换是由半导体"电耦合器件"完成的。

27.黑白CCD带电动变焦镜头：

黑白CCD带电动变焦镜头指带变焦镜头的黑白CCD摄像机。镜头的焦距由电动控制改变,扩大了摄像范围。

28.彩色CCD带定焦镜头：

彩色CCD带定焦镜头指带定焦镜头的彩色CCD摄像机。

29.彩色CCD带电动变焦镜头：

彩色CCD带电动变焦镜头指带变焦镜头的彩色CCD摄像机。

30.带红外光源的CCD：

为了提高夜视图像的清晰度,在摄像机内附加红外光源,这种摄像机就称为带红外光源的CCD。

31.微光摄像机：

微光摄像机的光电转换灵敏度特别高,在微弱的光线环境下也能清晰成像,比带红外光源的摄像机更先进。

32.球形一体机：

球形一体机把摄像机与球形防护罩做在一起,形成一个完整的球形结构。有些球形一体机中还包括云台。

33.带预置球形一体机：

带预置球形一体机把摄像机、球形防护罩、变速云台三者合为一体。其变速云台由微电脑控制,巡视点数和巡视路径可预先设置,提高了监视效率。

34.摄录一体机：

摄录一体机把摄像机与录像机做在一起。录像部分体积较小,连续录像时间较短。

35.云台：

云台是承载摄像机可以在不同方向转动的机械装置,转动方向通常有水平方向转动和垂直方向转动。驱动电压有交流或直流之分,承载重量以千克计,小型的小于8kg,大型的小于或等于25kg,一般云台都是定速的。

快速云台(含球形防护罩)是近来新出现的变速云台,在巡视点上转速很慢,而在巡视点之间(即巡视点切换时)转速很快。这就提高了巡视效率。

36.防护罩：

防护罩防护摄像机免受风、雨、灰尘、高温、低温等恶劣环境的影响。根据应用环境不同,有不同规格性能的防护罩。

普通防护罩,用于较良好的工作环境。

密封防护罩,用于沙尘较大或有腐蚀性气体,且温度变化不大的环境。

全天候防护罩,除了密封性好,通常内部还有温度补偿装置,使摄像机在高寒高温地带也能正常工作。

37.云台控制器:

云台控制器一般由收发两部分组成。发送器安装在中心控制室,其中包括控制编码、调制等。接收器安装在云台附近。接受控制编码,解码后输出控制信号,控制云台转动。

38.视频切换器:

电视监控系统中摄像机的数量大于监视器的数量,通常都是按一定比例用一台监视器轮流切换显示几台摄像机的图像。视频切换器就是实现这种图像选择功能的设备。

39.视频切换设备:

视频切换设备是由半导体模拟开关组成的矩阵开关电路,控制编码全由计算机完成,根据摄像机数量和显示器数量,可以任意组合切换比例,切换灵活方便,可靠性也大大提高。

40.音频、视频及脉冲分配器:

分配器就是把一路信号同时分配给几个终端设备,要求其输出阻抗和信号幅度都满足终端设备的要求。

41.视频补偿器:

视频信号经过长距离传输后引起幅度衰减和相位失真,使图像的清晰度和色彩失真,视频补偿器就是对视频幅度和相位进行补偿,减小图像的失真。

42.录像、记录设备 $1''/2$ 或 $3''/4$:

录像、记录设备 $1''/2$ 或 $3''/4$ 通常是指摄录一体机,$1''/2$(1/2英寸)或 $3''/4$(3/4英寸)表示记录磁带的宽度。摄录一体机带有编辑机的,对录制的信号可进行事后编辑。

43.磁带录像机:

磁带录像机与其他设备如多画面分割器、场开关等配合,把摄像机送来的图像信号记录在磁带上,可同时记录多路视频信号。与家用录像机相比,具有录像时间长、磁带控制精确、断电恢复后能自动再记录等功能。

44.数字录像机:

摄像机输出的图像信号是模拟信号。通常的磁带录像机是把全电视信号(视频信号)变成磁信号记录在磁带上。回放时再把磁信号恢复成全电视信号。数字录像机先把视频信号数字化,进行脉冲编码压缩(为了节约存储空间)后,记录在磁盘上(硬磁盘)。回放时要有解压和数/模转换。这些都是由计算机和相应的软件完成。通常数字录像机又称硬盘录像机。

45.监视器:

监视器把摄像机输出的视频信号转换成图像显示在屏幕上。常用阴极射线显像管,根据屏幕对角线距离大小,分为小屏幕(≤37cm)、中屏幕(<56cm)、大屏幕(≥56cm)。

46.中心控制器：

中心控制器把各种外围设备如云台镜头控制器、视频切换器、报警控制器、报警灯等连接在一起,组成报警控制系统。

47.CRT 显示终端：

CRT 是电子阴极显像管的英文缩写。普通电视机、监视器都是这种显像管。作为显示终端机不仅显示图像,还与主机之间有操作命令和数据交流,因此,大多数都带有键盘。不带键盘的显示终端就是一般的监视器。

48.监控模拟盘：

监控模拟盘把监控对象按一定比例缩小做在一个沙盘上。其中地形地貌、主要建筑、监控重点等的相对位置与实际较接近。报警点用指示灯模拟,能与报警控制联动,作为报警指示的辅助设备。

49.彩色显示屏：

通常把警戒区的地形图做成彩色显示屏,重点标出监控点,并辅助指示灯模拟报警。可与报警控制器联动,作为报警指示的辅助设备。

十一、住宅小区智能化系统设备安装工程：

1.住宅小区智能化系统(CIS)：

CIS 以住宅小区为平台,兼备安全防范系统、火灾自动报警及消防联动系统、信息网络系统和物业管理系统等以及这些系统的集成系统,具有集建筑系统、服务和管理于一体,向用户提供节能、高效、舒适、便利、安全的人居环境等特点的智能化系统。

2.智能建筑物管理系统(IBMS)：

建筑物各子系统集成在一起形成建筑管理系统(BMS),在 BMS 的基础上以 OAS 和 BAS 为主的集成系统则称为 IBMS。

3.家庭控制器：

家庭控制器是完成家庭内各种数据采集、控制、管理及通信传输的设备,一般应具备家庭安全防范、家电监控及信息服务等功能。

通用册　费用组成、措施项目及计算方法

DBD 29-313-2020

册 说 明

本册基价包括施工措施项目,企业管理费、规费、利润和税金,费用组成及工程价格计算程序等内容。

施工措施项目

说　　明

一、本章包括安全文明施工措施费(含环境保护、文明施工、安全施工、临时设施),冬季施工增加费,非夜间施工照明费,竣工验收存档资料编制费、大型机械设备进出场及安拆费、已完工程设备保护措施费6项。

二、安全文明施工措施费(含环境保护、文明施工、安全施工、临时设施)是指现场文明施工、安全施工所需要的各项费用和为达到环保部门要求所需要的环境保护费用以及施工企业为进行建筑安装工程施工所必须搭设的生活和生产用的临时建筑物、构筑物和其他临时设施等的费用。

三、冬季施工增加费是指在冬期施工需增加的临时设施、防滑、排除雨雪,人工及机械效率降低等费用。

四、非夜间施工照明费是指为保证工程施工正常进行,在地下室等特殊施工部位施工时所采用的照明设备的安拆、维护、摊销、照明用电及人工降效等费用。

五、竣工验收存档资料编制费是指按城建档案管理规定,在竣工验收后,应提交的档案资料所发生的编制费用。

六、大型机械设备进出场及安拆费是指机械整体或分体自停放场地至施工现场或由一个施工地点运至另一个施工地点,所发生的机械进出场运输、转移费用和机械在施工现场进行安装、拆卸所需要的人工费、材料费、机械费、试运转费及安装所需要的辅助设施的费用。

七、已完工程设备保护措施费是指竣工验收前对已完工程的设备进行保护所需要的费用。

计 算 规 则

一、安全文明施工措施费、冬季施工增加费、非夜间施工照明费、竣工验收存档资料编制费按分部分项工程费及可计量措施项目费中的人工费、机械费合计乘以相应费率计算。措施项目费率见下表。

措施项目费率表

序 号	项 目 名 称	计 算 基 数	费 率		人 工 费 占 比
			一 般 计 税	简 易 计 税	
1	安全文明施工措施费	人工费＋机械费 （分部分项工程项目＋可计量的措施项目）	9.16%	9.30%	16%
2	冬季施工增加费		1.49%	1.60%	60%
3	非夜间施工照明费		0.12%	0.13%	10%
4	竣工验收存档资料编制费		0.20%	0.22%	

二、大型机械设备进出场及安拆费参照《天津市建筑工程预算基价》DBD 29-101-2020 相关子目计算。

三、已完工程设备保护措施费按被保护设备价值的 1% 计取。

附　录

附录一　企业管理费、规费、利润和税金

一、企业管理费：

企业管理费是指施工企业组织施工生产和经营管理所需的费用,包括：

1.管理人员工资：是指按工资总额构成规定,支付给管理人员和后勤人员的各项费用。

2.办公费：是指企业管理办公用的文具、纸张、账表、印刷、邮电、书报、办公软件、现场监控、会议、水电、烧水和集体取暖降温(包括现场临时宿舍取暖降温)、建筑工人实名制管理等费用。

3.差旅交通费：是指职工因公出差、调动工作的差旅费、住勤补助费,市内交通费和误餐补助费,职工探亲路费,劳动力招募费,职工退休、退职一次性路费,工伤人员就医路费,工地转移费以及管理部门使用的交通工具的油料、燃料及牌照费。

4.固定资产使用费：是指管理和试验部门及附属生产单位使用的属于固定资产的房屋、设备、仪器等的折旧、大修、维修或租赁费。

5.工具用具使用费：是指企业施工生产和管理使用的不属于固定资产的工具、器具、家具、交通工具和检验、试验、测绘、消防用具等的购置、维修和摊销费。

6.劳动保险和职工福利费：是指由企业支付的职工退职金、按规定支付给离休干部的经费,集体福利费、夏季防暑降温、冬季取暖补贴、上下班交通补贴等。

7.劳动保护费：是企业按规定发放的劳动保护用品的支出,如工作服、手套、防暑降温饮料以及在有碍身体健康的环境中施工的保健费用等。

8.检验试验费：是指施工企业按照有关标准规定,对建筑以及材料、构件和建筑安装物进行一般鉴定、检查所发生的费用,包括自设试验室进行试验所耗用的材料等费用,不包括新结构、新材料的试验费,对构件做破坏性试验及其他特殊要求检验试验的费用和建设单位委托检测机构进行检测的费用,对此类检测发生的费用,由建设单位在工程建设其他费用中列支。但对施工企业提供的具有合格证明的材料进行检测不合格的,该检测费用由施工企业支付。

9.工会经费：是指企业按《工会法》规定的全部职工工资总额比例计提的工会经费。

10.职工教育经费：是指按职工工资总额的规定比例计提,企业为职工进行专业技术和职业技能培训,专业技术人员继续教育、职工职业技能鉴定、职业资格认定、安全教育培训以及根据需要对职工进行各类文化教育所发生的费用。

11.财产保险费：是指施工管理用财产、车辆等的保险费用。

12.财务费：是指企业为施工生产筹集资金或提供预付款担保、履约担保、职工工资支付担保等所发生的各种费用。

13.税金：是指企业按规定缴纳的城市维护建设税、教育附加、地方教育附加、房产税、车船使用税、土地使用税、印花税等。

14.其他：包括技术转让费、技术开发费、工程定位复测费、投标费、业务招待费、绿化费、广告费、公证费、法律顾问费、审计费、咨询费、保险费等。

企业管理费按分部分项工程费及可计量措施项目费中的人工费、机械费合计乘以相应费率计算,其中人工费、机械费为基期价格。企业管理费费率、企业管理费各项费用组成划分比例见下列两表。

企业管理费费率表

项 目 名 称	计 算 基 数	费	率
		一 般 计 税	简 易 计 税
管 理 费	基 期 人 工 费 + 基 期 机 械 费 (分部分项工程项目 + 可计量的措施项目)	13.57%	13.83%

企业管理费各项费用组成划分比例表

序 号	项 目	比 例	序 号	项 目	比 例
1	管理人员工资	24.74%	9	工会经费	9.88%
2	办公费	10.78%	10	职工教育经费	10.88%
3	差旅交通费	2.95%	11	财产保险费	0.38%
4	固定资产使用费	4.26%	12	财务费	8.85%
5	工具用具使用费	0.88%	13	税金	8.52%
6	劳动保险和职工福利费	10.10%	14	其他	4.34%
7	劳动保护费	2.16%			
8	检验试验费	1.28%		合计	100.00%

二、规费:

规费是指按国家法律、法规规定,由政府和有关部门规定必须缴纳或计取的费用,包括:

1.社会保险费:

(1)养老保险费:是指企业按照规定标准为职工缴纳的基本养老保险费。

(2)失业保险费:是指企业按照规定标准为职工缴纳的失业保险费。

(3)医疗保险费:是指企业按照规定标准为职工缴纳的基本医疗保险费。

(4)工伤保险费:是指企业按照规定标准为职工缴纳的工伤保险费。

(5)生育保险费:是指企业按照规定标准为职工缴纳的生育保险费。

2. 住房公积金:是指企业按照规定标准为职工缴纳的住房公积金。

$$规费 = 人工费合计 \times 37.64\%$$

规费各项费用组成比例见下表。

规费各项费用组成划分比例表

序 号	项 目		比 例
1	社会保险费	养老保险	40.92%
		失业保险	1.28%
		医疗保险	25.58%
		工伤保险	2.81%
		生育保险	1.28%
2	住房公积金		28.13%
合计			100.00%

三、利润:

利润是指施工企业完成所承包工程获得的盈利。

$$利润 = 人工费合计 \times 利润率$$

利润中包含的施工装备费按附表比例计提,投标报价时不参与报价竞争。利润率见下表。

安装工程利润率表

项 目	费 率
利润率	20.71%
其中:施工装备费费率(计算基数与利润相同)	9.11%

四、税金:

税金是指国家税法规定的应计入建筑工程造价内的增值税销项税额。税金按税前总价乘以相应的税率或征收率计算。税率或征收率见下表。

税率或征收率表

项 目 名 称	计 算 基 数	税 率 或 征 收 率	
		一 般 计 税	简 易 计 税
增值税销项税额	税前工程造价	9.00%	3.00%

附录二　费用组成及工程价格计算程序

一、安装工程施工图预算计算程序：

安装工程施工图预算，应按下表计算各项费用。

施工图预算计算程序表

序　号	费用项目名称	计算方法
1	分部分项工程费合计	Σ（工程量×编制期预算基价）
2	其中：人工费	Σ（工程量×编制期预算基价中人工费）
3	措施项目费合计	Σ措施项目计价
4	其中：人工费	Σ措施项目计价中人工费
5	小　计	(1)+(3)
6	其中：人工费小计	(2)+(4)
7	企业管理费	（基期人工费＋基期机械费）×管理费费率
8	规　费	(6)×37.64%
9	利　润	(6)×相应利润率
10	其中：施工装备费	(6)×相应施工装备费费率
11	税　金	［(5)+(7)+(8)+(9)］×税率或征收率
12	含税造价	(5)+(7)+(8)+(9)+(11)

注：基期人工费＝Σ（工程量×基期预算基价中人工费）。

　　基期机械费＝Σ（工程量×基期预算基价中机械费）。

二、建筑安装工程费用项目组成（见下图）：

```
                                    ┌ 1.计时工资或计件工资
                                    │ 2.奖金
                          人 工 费 ┤ 3.津贴、补贴
                                    │ 4.加班加点工资
                                    │ 5.特殊情况下支付的工资
                                    └ 6.生产工具用具使用费

                                    ┌ 1.材料原价
                          材 料 费 ┤ 2.运杂费
                                    │ 3.运输损耗费
                                    └ 4.采购及保管费

                                                        ┌ ①折旧费
                                                        │ ②检修费
                                    ┌ 1.施工机械使用费 ┤ ③维护费
                    施工机具使用费 ┤                  ┤ ④安拆费及场外运费
                                    │                  │ ⑤人工费
                                    │                  │ ⑥燃料动力费
                                    │                  └ ⑦税费
                                    └ 2.仪器仪表使用费

                                    ┌ 1.管理人员工资
                                    │ 2.办公费
                                    │ 3.差旅交通费
                                    │ 4.固定资产使用费
                                    │ 5.工具用具使用费
                                    │ 6.劳动保险和职工福利费
  建筑安装工程费 ┤     企业管理费 ┤ 7.劳动保护费
                                    │ 8.检验试验费
                                    │ 9.工会经费
                                    │ 10.职工教育经费
                                    │ 11.财产保险费
                                    │ 12.财务费
                                    │ 13.税金
                                    └ 14.其他

                          利    润

                                                        ┌ ①养老保险费
                                                        │ ②失业保险费
                                    ┌ 1.社会保险费     ┤ ③医疗保险费
                          规    费 ┤                  │ ④工伤保险费
                                    │                  └ ⑤生育保险费
                                    └ 2.住房公积金

                          税    金 （增值税销项税额）
```

建筑安装工程费用项目组成图